W0326435

Hopfen und Malz
literarisch zusammengebraut
von Heinz Pritzl

Hopfen und Malz

literarisch zusammengebraut
von Heinz Pritzl

Dieses Buch erscheint
im Verlag Dr. Heinz Pritzl, Ochsenfurt am Main

Satz, Druck und Einband: Echter Würzburg
Typographische Gestaltung: Rudolf Studtrucker
Schrift: 12 Punkt Times
Holzschnitte: Richard Rother †, Kitzingen
ISBN 3-9800343-8-0

Inhalt

Zum Willkomm

an Freunde des Bieres und wundersamer Begebenheiten

Ziehen bunte Karawanen
nicht vergnügt zur kühlen Tränke?
Und das Heer mit stolzen Fahnen,
läßt es an der Brückenschänke
lange sich zur Einkehr mahnen?
Schnurren gibt's beim Bier
und Schwänke!
Alle Stände gleichgesinnt,
Herrschaft oder Jngesind,
schwärmen, wo der Zapfen rinnt.

Wer wär' wohl ein Bierverächter?
Jeder sagt dem Bräu zum Ruhme,
daß unzählige Geschlechter
sich erquickt an seiner Blume
unter hallendem Gelächter.
Schon im grauen Altertume
gab es Bier im Lederschlauch,
und im Mittelalter auch
herrschte guter Väterbrauch.

Kommt ein Gast zu Roß, zu Fuße
oder gar in noblem Wagen,
wollen wir ihm gern zum Gruße
ein Willkommens-Sprüchlein sagen:
»Hier, mein Freund, da hast du Muße
nach des Daseins Last und Plagen.
Bier soll dir ein Labsal sein!
Selbst dein Schätzchen wunderfein
taucht sein Schnäbelchen hinein«.

Paul Daehne

Vorwort

Vier Jahrzehnte an der Spitze einer mittelständischen Privatbrauerei in Unterfranken – das sind nicht nur vierzig Jahre voller Freuden und Sorgen, Kämpfe und Erfolge – es sind zugleich viele Jahre voller Erlebnisse und Erfahrungen.
Allen Kunden, Lieferanten und meinen Mitarbeitern möchte ich aufrichtig danken für all das, was sie mir in diesen vier Jahrzehnten abverlangten und zugleich auch gaben.
In dieser Zeitspanne vollzog sich nicht nur in der Gesellschaft, sondern auch im Verhalten der Verbraucher ein Wandel. Verändert hat sich die Welt des Bieres. Fortschreitende Konzentration im Braugewerbe und der vielerorts beklagte Verlust vertrauter gastlicher Mittelpunkte hat auch vor dieser Branche nicht haltgemacht. Diese vierzig Jahre prägten einen technischen Siegeszug, der mit der Entwicklung vom rein handwerklichen Braubetrieb zum »Null-Mann-Sudwerk« moderner Form wohl nur vorläufig und scheinbar abgeschlossen sein dürfte.
Geblieben aber ist das Bier und dank großer Anstrengungen des gesamten deutschen Braugewerbes der Erhalt des Reinheitsgebotes, nämlich Bier nur aus Gerste, Hopfen, Wasser und Hefe herzustellen.
Erhalten blieb uns und hoffentlich künftigen Generationen der ganzen Welt alles, was dem Geschehen rund um das Bier zu ungebrochener Popularität verhilft: die Gemütlichkeit, das gesellige Miteinander, die Lebensfreude, die das Bier – in Maßen genossen – als herzhafter Durstlöscher und erquickender Stimulans zu vermitteln vermag.
Dieses Büchlein will aufzeigen und weitergeben, was man auch morgen von einem traditionstragenden Getränk wissen sollte – und was der »Bräu« für wert erachtet, in einem literarischen Gebräu festzuhalten.
Dieses Büchlein entstand aus dem Wunsch, das Wissenswerte über Bier zusammengefaßt, griffbereit vorzulegen, ohne den Anspruch auf Vollständigkeit zu erheben. Möge es allen Lesern die Möglichkeit eröffnen, bei Diskussionen und Gesprächen über dieses traditionsreiche Getränk mithalten zu können, und möge es darum den Lesern ein guter und willkommener Begleiter auf ihren Wegen in das nächste Jahrzehnt sein.
Lassen Sie uns darauf mit einem herzlichen »Prost« anstoßen.

Bier – ein Begleiter durch die Jahrhunderte

Wer vor einem Bier einmal über dessen Geschichte nachdenkt, erinnert sich – meist und zuerst – der Mönche. Sie haben viel zum guten Ruf des Gerstensaftes beigetragen. Aber – erfunden haben sie ihn nicht! Begonnen hat die Kunst des Brauens früher ...

Geschehen ist das in Babylon, der Wiege der Stadtkultur. Noch vor den christlichen Kulturpionieren gab es hier den Herrscher Hamurabi – und das war rund zweitausend Jahre vor Christus. Hamurabi war kein Kind von Traurigkeit, er war ein genialer Mensch.

Zweimal im Monat traf sich seine Gefolgschaft zum großen Umtrunk. Was zunächst zu Ehren der Götter gereicht wurde, war bald darauf Volksgetränk, schließlich sogar Zahlungsmittel und Wertmesser.

Damit auch alles seine Richtigkeit hat, bringt Hamurabi in seinem Gesetzeswerk drei Paragraphen unter, die sich mit der Bierbrauerei und mit den Bierausschankstätten befassen: Danach erhält ein Arbeiter eine Maß, der höhere Beamte fünf Maß zugewiesen.

Solche soziale Ungerechtigkeit kennen die Germanen nicht. Sie handeln nach dem Grundsatz: Weder bei ernster Beratung noch beim geselligen Beisammensein darf das Bier fehlen. Kein Volk, so berichtet Tacitus, habe zum gastlichen Leben einen so unbegrenzten Hang wie das germanische. Bier ist in jener Zeit nicht mehr allein ein »göttliches Getränk«, sondern Hausgetränk. Gebraut wird es von den Frauen, den Töchtern und Mägden

des Hauses. Kein Wunder, daß eine Frau, die sich meisterhaft aufs Bierbrauen versteht, ganz besonders geschätzt wird! Neben den meisten Backhäusern eines Germanenhofes steht – wie praktisch – auch ein Brauhaus »für den Eigenbedarf«.
Im Aufstellen großer Denkmäler ist man hierzulande und zu ganz bestimmten Zeiten wahrhaftig nicht kleinlich. Denkmäler gibt es für manch Sinnvolles und allerlei Unsinniges. Nur dem Erfinder des Bieres hat man nirgends ein Denkmal errichtet. Er blieb unbekannt. Große und grundlegende Dinge bevorzugen die Anonymität ...
Unbekannt ist der Haustrunk der Germanen mit Sicherheit nicht mehr, als er im frühen Mittelalter seinen kulturellen Nimbus bekommt. Bier wird gewissermaßen erst hoffähig! Es waren die Mönche, die mit Fleiß und Sorgfalt zusammentrugen, was immer von der Kunst des Brauens bekannt und greifbar war. Für die Klöster wird das Bierbrauen allerdings zunächst einmal zu einer schlichten, ernährungstechnischen Notwendigkeit. So lassen sich nämlich die Abgaben der Zinspflichtigen besser verwerten. Ein früher Beweis für eine populäre und zugleich vernünftige Verwendung von Steuern! Andrerseits ist für das »flüssige Brot« ein Gesichtspunkt besonders aktuell – es ist den Mönchen willkommene Hilfe, die strengen Fastenregeln zu überstehen. Die Aufnahme von Flüssigem, so be-

stimmt eine Regel aus den Tagen des heiligen Benedikts, des Vaters abendländischen Mönchtums, bricht nicht das Fastengebot.
Schon im Jahr 820 nach Christus verfügte das Kloster Sankt Gallen so über drei Gaststätten. Der Bauplan zeigt, wer hier wo seinen Durst zu löschen hat: Es gibt je einen Ausschank für Klosterbewohner, für adlige Gäste und Pilger. Was Wunder, daß die Klöster bald nicht einmal ihren Eigenbedarf mehr zu decken vermögen. Tag für Tag strömen Pilger, Wanderer und Bettler zu den Klosterpforten. Schnell hat es sich herumgesprochen, daß – getreu den klösterlichen Grundregeln – hier dem Durstigen der köstliche Trunk nicht versagt wird! Folglich braut man, daß die Kessel dampfen – und kommt bald auf die Idee, gutes Bier auch für gutes Geld zu verkaufen. Der Schritt vom klösterlichen Haustrunk zum Braugewerbe ist damit getan ...
Man schreibt das zehnte Jahrhundert. Im schweizerischen Sankt Gallen erläßt der Dekan Ekkehard eine bemerkenswerte Verordnung: Jeder Klosterinsasse soll pro Tag »fünf Zumessungen« Bier erhalten. Aber auch in den Stadt- und Marktgründungen kommt Klosterbier zu Ansehen.
Schon zu jener Zeit geht nichts ohne Vorschriften. Und mit dem Bier nimmt man es aus gutem Grund besonders genau: Die sich so prächtig entwickelnde Erfindung soll buchstäblich nicht – verwässert werden. Erst ver-

einzelt und schließlich überall richtet man in den Abteien Brauereien ein. Im Jahr 1146 erhält die Abtei Weihenstephan das Braurecht; ein Datum, das für die bayerische Bierhistorie sozusagen als Geburtstag zählt. Generalkapitelbeschlüsse der Jahre 1181 und 1247 stellen Regeln auf nach denen das berühmte Klosterbier gebraut und Schankwirtschaften eingerichtet werden.

Dabei sollte jene weiß-blaue Bierseligkeit, die Bayern zwar nicht allein, aber doch mit voller Berechtigung zu weltweitem Ruhm verhalf, noch eine ganze Reihe von Jahren auf sich warten lassen.

In Norddeutschland geht im späten Mittelalter der Weinbau mehr und mehr zurück. Es ist die Stunde ungarischer, später fränkischer Weine. Während der Wein im gesamten Süden gerade ab dem Jahr 1000 zunehmend an Bedeutung gewinnt, hält sich das Bier noch sehr dezent im Hintergrund. Ein Zustand, der sich im Laufe der nächsten 900 Jahre erheblich ändern sollte! Doch zunächst erstehen erst einmal die Städte, und mit ihrem Wachsen entfaltet sich die Stadtkultur.

Das Brauwesen wird städtisch, es entwickelt sich in erstaunlich kurzen Zeiträumen zum hochehrsamen und auch einträglichen Gewerbe. Die Kunst des Brauens erreicht in den norddeutschen Städten sogar ihre Blüte. Bier gibt es im Bierbrei, in der Biersuppe und wird zudem zur durchaus geschätzten Arznei. »Gutes Bier und bekömmliches Brot« gelten als ein besonderes und mit beachtlichem Eifer wahrgenommenes Anliegen des Rates in einer mittelalterlichen Stadt. Just beim Bier wird in dieser Zeit von jener Urform der uns noch heute bekannten Lebensmittelüberwachung gern und reichlich Gebrauch gemacht. Das sich nun mehr und mehr ausbreitende Gewerbe wird bald durch einen speziellen Eid zur größten Sorgfalt verpflichtet. Leipzig geht mit gutem Beispiel voran: 1736 verleiht der Rat dem »Brauer Eyd« urkundliche Fassung und jene Bedeutung, die bald allerorten das Handwerk der Brauer kennzeichnen wird.

Obwohl E. E. Hochw. Rath dieser Stadt, nach beschehener Untersuchung derer, bey dem hiesigen Brau-Wesen verspührten, Mängel und Gebrechen, damit selbigen abgeholffen, und tüchtiges Bier gebrauet werden möge, sub dato den 17ten. Aug. 1733. gewisse Verfügung gethan, und verhoffet hätte, daß selbigen sowohl an Seiten der Brauenden, als auch derer Brauer und Mältzer, würde gebührend nachgelebet worden seyn; So hat doch derselbe vielmehr das Gegentheil, und, daß die Unordnung noch immerhin continuire, vernehmen müssen, welchem Beginnen aber weiter keineswegES nachzusehen seyn will. Dahero wohlgedachter Rath zuförderst die Brauer und Mältzer ihrer Gebühr erinnert, und sie mit nachstehenden Eyden beleget:

Brauer-Eyd.

Dem Dienste, darzu ich mich begeben habe, will ich getreulich und fleißig vorstehen; Niemanden sein Guth veruntrauen, auch nicht übereilen, noch darvon gehen, und mich nicht auf die Knechte verlassen, sondern selbst darbey bleiben; mir auch an dem gesetzten Lohne begnügen lassen, und darüber von denen Leuten nicht mehr fordern, noch nehmen; und ob ich erführe, daß iemand Maltz, so nicht allhier in der Stadt gemacht, brauen wolte, oder sein Bier gantz, halb, oder ein Viertel, in die Stadt verkauffen, und nicht in seinen eigenen Keller, oder Hauß, worinnen er sich befindet, legen würde, dasselbe dem Rath anzeigen; zu iedem Gebräude nicht mehr Maltz, als zwey und dreyßig Scheffel Dreßdner Maaßes, als so viel in den ordentlichen gesetzten-geaichten-und gestempelten Maltz-Kasten auf einmahl gehet, nehmen und brauen, noch einigen Nachschutt oder Unterschleiff im geringsten verstatten, auch so viel gutes-und zu trincken tüchtiges Bier daraus, als dieses Maltz ertragen kan, ohne unzuläßlichen Vortheil, brauen; zu iedem Biere wenigstens Vier alte Leipziger-oder Sechs Dreßdner Scheffel, und nicht weniger, an guten und tüchtigen Hopffen, über den geaichten Hopffen-Scheffel mir im Brau-Hause zugemessen, nehmen; bis ich solchen erhalten nicht Feuer machen; den untüchtigen, faulen und verdorbenen nicht annehmen, sondern zurücke geben; dem Bier die behörige Hefen geben, auch solches nicht eher fassen, bis es auf dem Bottige wohl abgejohren, und zu seiner rechten Reiffe gekommen; sowohl die Brau-Gäste fleißig anmahnen, daß sie das Gefäße neu pichen, und tüchtig zubereiten lassen; vor erlangtem Brau-Zeichen von der Obrigkeit und dem Einnehmer, nicht anfeuern; die Bollete iederzeit, wann die Biere zu denen gesetzten Terminen abgebrauen, gehörigen Orts einliefern, und darbey, wo das Bier hingeschaffet worden, ansagen; die Kohlen und Asche dem Brau-Haus Herrn, der das Holtz darzu giebet, die Hefen aber, nach Zurückbehaltung eines Zobers voll zum Brau-Hause, dem, der da brauet, wenn er es begehret, überantworten; Alte und neue Maltze ohne Noth nicht durch einander mischen, sondern mit denenselben, als auch dem Geträncke, und dem Holtze, getreulich umgehen, nichts darvon entwenden, noch entwenden lassen, und will thun dem Armen als dem Reichen, auch das nicht laßen, weder um Gabe, Freundschafft, Feindschafft, noch um einiger andern Sache willen. Treulich und ungefährlich. Als mir GOtt helffe!

Es will aber auch mehr-wohlermeldter Rath diejenigen, welche hiesigen Ortes Brau-Nahrung treiben, hiermit ernstlich bedeutet haben, ihres theils sich hiernach gebührend zu achten, und denen Brauern und Mältzern etwas, so ihren abgelegten Eyden zuwider, nicht anzusinnen, wie denn, da dergleichen wieder Vermuthen von ein oder andern Theile geschehen solte, gebührende Ahndung wird vorgekehret werden.

Urkundlich mit dem gewöhnlichen Stadt-Secret bedrücket. Signatum Leipzig den 4ten. Aprilis 1736.

L.S.

Bier weckt »bürgerliche Instinkte« und eine unerhört politische Begabung. Darum schließen sich die städtischen Brauereien zusammen und bilden die vornehmen Brauergilden. Der Absatz kennt noch nicht Probleme der Marktsättigung. Das einträgliche Geschäft trägt nicht zuletzt zur Schaffung von Arbeitsplätzen und damit im erheblichen Maß zum städtischen Wohlstand bei.

Längst hat der schäumende Gerstensaft die Exklusivität und die Enge klösterlicher Keller verlassen. Der Siegeszug ist unaufhaltsam. Neben der Schiffahrt und dem Handel gilt die Braukunst als eine der Wohlstandssäulen der neuen Zeit.

Alles ist schon einmal dagewesen! Die Idee, bei einem sich ständig erweiternden Angebot den Weg zur Spezialisierung zu gehen, stammt nämlich nicht aus unseren Tagen. Im Mittelalter und zur Zeit der Renaissance hat schon fast jede Stadt »ihre« Bier-Spezialität. Eifersüchtig wacht man über die »Rezepte«. Gleichzeitig dringt der Ruf solcher flüssigen Köstlichkeiten über Länder und Meere. Ganz England wird beispielsweise von Lübeck und Rostock mit Bier versorgt! Weil man alles tut, um den guten Ruf (und damit auch den guten Absatz) zu wahren, geht man mit unliebsamer Konkurrenz nicht eben zimperlich um. Fremde Biere erhalten entweder ein Einfuhrverbot oder werden mit kräftigen Zusatzsteuern bedacht.

Gilt ein Braumeister gar als besonders tüchtig,

so flattert dem braven Mann prompt ein Auswanderungsverbot in die Braustube. Im Inland erobert Einbeck (Niedersachsen) den Markt. Solch »Einpöckisches Bier« gibt es auch an der herzoglichen Tafel in München. Dort leistet 1558 Herzog Wilhelm V. mit der Gründung des Hofbräuhauses einen wahrhaft geschichtsträchtigen Beitrag auf dem Sektor der Lebensfreude. 1614 holt sich der Herzog schließlich auch einen Einbecker Braumeister dazu. Nach weiteren zwei Jahren der Vorbereitung läuft dann in München ein Bier vom Faß – nach »einpöckischer Art« gebraut!
Noch sind wir im Mittelalter – jedenfalls, was diese Biergeschichte anbetrifft. Um 1500 wird Bier buchstäblich »aller Orten« geschätzt und getrunken. Wo der Absatz rollt, da gibt es – auch zu jener Zeit – Billigpreis-Akrobaten und pfiffige Alleskönner, die es verstehen, den beliebten Gerstensaft um ein paar Kreuzer »preisgünstiger« anzubieten. Mit anderen Worten: Es wird munter drauflosgebraut und nicht alles, was da als Bier unter die durstigen Leute kommt, hat auch unbedingt etwas mit Hopfen und Malz zu tun.
Der bayerische Herzog Wilhelm IV., kein Freund von langatmigen Debatten, erkennt die Zeichen der Zeit: Er handelt. Und weil er vorher nicht erst mit -zig Interessenverbänden, Organisationen und mehr oder minder vernünftigen Leuten endlos diskutieren will (oder muß), handelt er schnell, gründlich und außerordentlich wirkungsvoll! Der Witz an der Sache: Sein Gebot wird – wie man im Biersteuergesetz, § 9, Absatz 1, nachlesen kann – zum ersten konsequenten Lebensmittelgesetz, gültig bis in unsere Zeit!
»Ganz besonders wollen wir, daß forthin allenthalben in unseren Städten, Märkten und auf dem Lande zu keinem Bier mehr Stücke als allein Gerste, Hopfen und Wasser verwendet und gebraucht werden sollen.« So ordnet es der Herzog kurz, bündig und allgemein verständlich an – und wie das mit bayerischen Gebräuchen so ist: Nach und nach schließen sich die anderen deutschen Länder und Städte dieser strengen bayerischen Verordnung an und begründen damit die Geltung des deutschen Bieres. Absicht? Nein, daran denkt 1516 Herzog Wilhelm IV. nicht. Ihm geht es allein ums Bier. Möglicherweise hat er aber außerdem genug Menschenkenntnis, um zu ahnen, wie wichtig (450 Jahre später) sein Gebot einmal werden könnte, wer weiß?
Mit dem überaus verdienstvollen Reinheitsgebot macht der bayerische Herzog Wilhelm IV. im Jahr 1516 das Bier »hoffähig«. Aus dem Norden Deutschlands kommt die Meldung von regelrechten »Bierschlachten« – ausgetragen in den Trinkstuben der Stadtjunker, in den Ratskellern und Gildenhäusern. Der beste, das heißt emsigste Trinker erhält einen Preis und gewinnt das größte Ansehen. An den Höfen macht mancher Zeitgenosse durch sein »adeliges« Trinken sogar Karriere. Der Begriff der »Saufkumpanei« entsteht, und aus

dem Tabakskollegium des preußischen Königs kommt die Kunde vom klassischen Beispiel für die Freundschaft zwischen Tabak und Bier.
In den Städten sind es vor allem die Ratskeller, die den Stadträten nach aller kommunalen Verwaltungsmühsal zum Ratsumtrunk, Ratsessen und zu vielen sonstigen Festlichkeiten ehrbare Hofstatt bieten.
So ist es auch in Ochsenfurt üblich, daß auf dem Rathaus an bestimmten Tagen durchaus unbürokratische Zechen abgehalten werden. Auf Kosten der Stadt eingeladen sind – samt dem domkapitelschen Stadtschultheißen – die Räte und oft auch andere Amtsleute. Bis zu 80 Personen, so berichtet Hans Hohe in seinem 1955 veröffentlichten Beitrag »Kulturgeschichtliches aus den Ochsenfurter Bürgermeisterrechnungen des 16. und 17. Jahrhunderts«, finden sich zu Trunk und Speis ein. Ganz offenkundig hält sich Ochsenfurts Obrigkeit dabei an die Erkenntnis Johann Wolfgang von Goethes:

Bestaubt sind unsere Bücher,
der Bierkrug macht uns klüger,
das Bier schafft uns Genuß,
die Bücher nur Verdruß!

Jede Geschichte des Bieres, seiner Trinksprüche und Trinksitten wäre wohl lückenhaft, würde man jene Gruppe unerwähnt lassen, die sich gewissermaßen historische Verdienste um das Bier erwirbt: die Studenten. Schon in

den Chroniken des 16. Jahrhunderts wird davon berichtet, wie maßgeblich sie den Bierkonsum fördern. Solange es nämlich in deutschen Landen Studenten gibt, ist ihr Wissensdurst eng mit der Nachfrage nach dem schäumenden Gerstensaft verbunden. Der klerikalen Zucht und Strenge der ersten Universitäten folgt der Drang zum freiheitlichen Leben. Seither sind übrigens Bier und Politik untrennbare Brüder. Zechbrüder!
So, wie das Bier seinen Weg aus den klösterlichen Braustätten hinaus in die Dörfer, Märkte und Städte findet, hat es im Laufe der Jahrhunderte seine Reise um die Welt fortgesetzt. Zwar hat das deutsche Bier in Qualität und Ruf einen guten Vorsprung. Doch längst versteht man es auch in anderen Ländern, ein gutes Bier zu brauen. Bier ist heute, an der Schwelle zum nächsten Jahrtausend, international geworden.
Sprachlich hat man es dem klösterlichen Lehnwort »Bier« ohnehin leicht gemacht: der Franzose sagt »biere«, der Italiener »birra« und der Engländer »beer«. So finden sich auf dem ganzen Erdball Trinkfreunde, die gern bei einem kühlen Bier zusammensitzen. Auf Deutschland und die deutsche Sprache beschränkt bleibt freilich der Begriff der Gemütlichkeit, der sich nur schwer oder überhaupt nicht in andere Sprachen übersetzen läßt. Daraus formt sich durch die Jahrhunderte bis in die Gegenwart eine Gemeinsamkeit, die alle Sprachbarrieren überbrückt: Dank des Bieres wird der Stammtisch zur wahrhaft völkerverbindenden Institution!
Gemütlichkeit wird meistens lautstark bei Festen im Bierzelt intoniert und gepriesen. In Wahrheit findet der echte Biertrinker seine sprichwörtliche »Bierruhe« heute wieder in der schattigen Kühle und Zurückgezogenheit der Biergärten, weitab vom hektischen Weltgetriebe. Die liebenswerte Einrichtung des Biergartens – jahrelang vergessen geglaubt – hat im Zeitalter der Nostalgie wieder Belebung erfahren. Wie einst, so sucht und findet der Mensch hier, was in der Hast unserer Zeit zu oft verloren geht – die gefestigte Konzentration auf eine frische Maß, das harmonische Miteinander mit dem Nachbarn und die unkomplizierte Geselligkeit, die nicht viel von Rang, Titel und Namen halten mag.
Bier wird heute überall auf der Welt gebraut – und getrunken. Seit dem 19. Jahrhundert hat die Technik jede Weiterentwicklung der alten Kunst des Brauens bestimmt. Die Mechanisierung und vor allem die Entwicklung der Kältetechnik sind die Ursachen für den Wandlungsprozeß in den alten Braustätten von einst. Überaltertes stirbt – neue Ideen werden geboren, das Zeitalter der gewerblichen Großbetriebe hat begonnen.
Das Bier selbst ist, unbeeindruckt von allen Stürmen und Umwälzungen der Zeit, sich selbst treu geblieben. Es war und bleibt zu allen Zeiten den Menschen ein guter Freund und froher Gesell. Daß es sich als modernes

Getränk von allem modischen Getue fernhält und sich gleichwohl ungebrochener Beliebtheit erfreut, erklärt sich aus seiner Natur: Bier ist verträglich, erfrischend und als Nahrungsmittel ein naturkräftiger, flüssiger Genuß. Zugleich ist Bier ein bedeutender wirtschaftlicher Faktor. Elf Prozent des gesamten Umsatzes in der deutschen Ernährungsindustrie entfallen auf die Brauwirtschaft. Die Bundesrepublik ist einer der wichtigsten Bierexporteure der Welt; 1988 wurden 5,6 Millionen Hektoliter in 140 Länder aller fünf Erdteile exportiert. Will man dem Bier Gerechtigkeit widerfahren lassen, so ist seine Bedeutung als Wirtschaftsfaktor kaum zu übersehen. Indessen – das ist nicht alles! Was so vertraut in Glas und Krug schäumt, ist auch ein Stück Philosophie. Aus den Anfängen der Kultur hat sich der Erfolg des Bieres bis in unsere Tage fortgesetzt. Mit dem Bier sind Gastlichkeit, Tradition und Lebensfreude zu Begriffen geworden, die alle Zeiten überdauern.

Herstellung des Bieres

1. *Rohstoffe*

Bier nach dem Reinheitsgebot wird aus nur vier Rohstoffen hergestellt. Es sind dies

Malz, Wasser, Hopfen und Hefe.

Da der deutsche Brauer allein auf diese vier Rohstoffe angewiesen ist, muß er bei deren Auswahl ganz besonders sorgfältig vorgehen. Erstklassige Rohstoffe sind die Voraussetzung für ein ebensolches Bier!

Zur Herstellung des Malzes wird die zweizeilige Sommergerste verwendet. Diese Form bildet an jeder Spindelstufe nur ein Korn aus. Bei Braugerste wird hoher Stärke-, niedriger Eiweißgehalt, hohe Keimfähigkeit sowie geringer Spelzenanteil gefordert.

Die Gerste läßt sich nun nicht sofort und direkt in der Brauerei verarbeiten. Die Inhaltsstoffe der Gerste, speziell die Stärke, müssen für den Brauprozeß aufbereitet werden. Das geschieht in der Mälzerei. Die Gerste wird erst gereinigt und dann in Wasser eingeweicht. Sie beginnt zu keimen. Nach etwa sieben Tagen ist aus der Gerste das Grünmalz entstanden, zu erkennen an den Keimlingen. Diese werden entfernt und als Viehfutter verwendet.

Was ist nun während des Mälzens geschehen?

Der wichtigste Prozeß während der *Keimung* ist die Bildung von sogenannten Enzymen. Chemisch betrachtet sind dies Eiweißkörper. Sie bewirken eine Lösung des Malzes. Darunter versteht der Brauer den Abbau hochmolekularer Substanzen wie Zellwände, Stärke und Eiweiß.

Während der Keimung wird bereits ein Teil der Stärke zu Zucker, hauptsächlich Maltose (Malzzucker), abgebaut. Der übrige Teil der Stärke wird durch die Enzyme erst in der Brauerei abgebaut.

Das Malz unterscheidet sich von der Gerste also hauptsächlich durch die vermehrte Anwesenheit von Enzymen, durch eine mürbe Kornstruktur und die Anwesenheit von Zukker. Im Gegensatz zur Gerste läßt sich ein Malzkorn leicht durchbeißen und hat einen süßlichen Geschmack.

In der Praxis werden diese Lösungsvorgänge durch die Aufnahme von Wasser eingeleitet. Die Keimung ist, wie alle Lebensvorgänge, auf das Vorhandensein einer ausreichenden Menge an Wasser angewiesen. Das Grünmalz weist am Ende der Keimung einen *Wassergehalt* von 45 bis 50 Prozent auf.

Eine weitere Einflußgröße auf die Keimung ist die *Temperatur* zwischen 14 und 18° C. Während der Keimung wird durch das Veratmen von Zucker Kohlensäure gebildet, die die Keimung beeinträchtigt.

Die Zufuhr von *Sauerstoff* ist also der dritte wichtige Faktor, der die Keimung beeinflußt. Das bedeutet auch, daß mit diesen äußeren Bedingungen der Mälzungsvorgang gesteuert werden kann, um die gewünschte Qualität des Malzes zu erreichen. Die Keimfähigkeit einer guten Braugerste sollte 98 Prozent betragen.

Der Abbruch der Keimung und damit der beschriebenen Lebensvorgänge erfolgt durch das Trocknen des Grünmalzes. Dieser Prozeß verläuft in zwei Stufen: *im Schwelken und Darren.* Das Schwelken ist ein Trocknungsvorgang bei niedrigen Temperaturen (50 bis 60° C) und hohem Durchsatz an Trocknungsluft durch das Grünmalz. Anschließend wird die Temperatur auf 85° C bei hellem und 105° C bei dunklem Malz erhöht. Durch das Darren werden die Wachstumsvorgänge beendet, der bis jetzt erreichte stoffliche Zustand fixiert und ein lagerfähiges Darrmalz mit etwa fünf Prozent Wasser gewonnen. Nach dem Trocknen werden die Keime entfernt, das Malz wird geputzt.

Malz ist die Seele des Bieres, sagt der Brauer.

Das Malz wird in den Schrotmühlen gemahlen. Dies sind Spezialmühlen, die das Malz »schroten«, das heißt zu Grobgrieß, Feingrieß und Mehl unter möglichster Schonung der Spelzen vermahlen. Die Spelzen sollen beim späteren Läutervorgang eine natürliche Filterschicht bilden.

Der nächste Rohstoff ist das Wasser.

Wasser wird in der Brauerei zum Reinigen, Kühlen und zum Brauen gebraucht. Man unterscheidet daher Betriebs- oder Brauchwasser und Brauwasser. Eine lange technologische Entwicklung hat dazu geführt, daß der nicht nur vom Preis her teure, sondern auch um-

weltbezogen kostbare Rohstoff Wasser heute weit sparsamer als früher eingesetzt werden kann. Vom 25fachen des Bierausstoßes ging er im Laufe der letzten Jahre auf das Fünffache zurück.
Das Wasser ist mit 92 Prozent der Hauptbestandteil des fertigen Bieres. Ständige Kontrollen des Brauwassers und umfangreiche Forschung auf diesem Gebiet sind notwendig, um die hohe Bierqualität zu sichern.

Wenden wir uns nun dem Hopfen zu.

Eines der größten Hopfenanbaugebiete der Erde findet man in der Hallertau (Holledau) nördlich von München. Nicht weniger bedeutend sind die Anbauflächen im Hügelland um Spalt (nahe dem mittelfränkischen Ansbach) und Hersbruck sowie auch in der Bodenseesenke um Tettnang herum. Bekannt ist außerdem der Saazer Hopfen aus der Tschechoslowakei, der als besonders aromareich gilt. In den *Fruchtzapfen* der weiblichen Pflanze sitzen kleine Drüsen, die das gelbe Lupulin enthalten. Darin befinden sich die Bitter- und Aromastoffe, die dem Bier die typische Hopfenbittere geben. Weiter wirken die Hopfenbitterstoffe eiweißfällend, stabilisierend auf den Schaum, konservierend und sedativ, das heißt beruhigend. Deshalb wird das Bier auch als Schlummertrunk geschätzt. Grundsätzlich unterscheidet man die beiden Hopfensorten aromareich und bitterstoffreich. Ein Bier mit genußvollem Hopfenaroma verdankt seinen Wohlgeschmack einer aromareichen Hopfensorte.

Als letzter Ausgangsstoff: Die Hefe.

Hefe besteht aus lebendigen Zellen. Die Hefen, die in einer Brauerei verwendet werden, tragen den Namen Saccharomyces – das heißt Zuckerpilz, weil sie vom Zucker aus dem Abbau der Stärke des Gerstenkornes leben. Man unterscheidet obergärige Hefen – sie steigen nach der Gärung im Gärgefäß nach oben – und untergärige Hefen: sie setzen sich nach der Gärung unten am Boden des Gärgefäßes ab.
Mit der fortschreitenden wissenschaftlichen Erkenntnis über die Lebensvorgänge bei der Gärung konnte das Abenteuer der Bierbereitung im Laufe der Jahrhunderte immer weiter einsehbar und damit steuerbar gemacht werden. Die deutsche Brauwissenschaft und Brauereitechnologie hat sich dabei besondere Verdienste erworben. Sie konnte das alles ohne neue Manipulation chemischer Art, also ohne Beeinflussung der Abläufe durch Chemikalien, künstliche Enzyme oder andere Zusatzstoffe, bewirken – auch im technischen Ablauf der Gegenwart.
Man kann beim Bier also von einem vollbiologischen Produkt sprechen. Einen Begriff wie »Bio-Bier« zu verwenden, wie es manchmal auch getan wird, hieße, einen »weißen Schimmel« zu bemühen.

2. *Technologie*

Verfolgen wir den Weg der Rohstoffe im Sudhaus, so können wir sehen, wie aus dem Brauwasser, dem Malz und dem Hopfen die Bierwürze entsteht.

Das Malz wird, wie erwähnt, zunächst geschrotet. Danach wird es mit einer bestimmten Menge Wasser vermischt. Diesen Vorgang bezeichnen wir als Einmaischen. Der Maischbottich ist das Mischgefäß für Malzschrot und Brauwasser. Im Maischbottich wird die Maische jetzt stufenweise erhitzt. Dabei bewirken die beim Mälzen gebildeten Enzyme einen Abbau der Inhaltsstoffe des Malzes, insbesondere des Eiweißes, der Zellwände und der Stärke. Die Stärke wird weiter zu Malzzucker abgebaut, dieser löst sich auf und bildet den größten Teil des später zu vergärenden Extraktes.

Der Stammwürzegehalt liegt für Vollbier (dazu zählen mehr als 90 Prozent der in Deutschland hergestellten Biere) zwischen elf und vierzehn Prozent. Das bedeutet, daß in 100 Gramm Würze elf bis vierzehn Prozent aus dem Malz gelöste Stoffe enthalten sind.

Hauptsächlich sind dies die aus der Stärke gebildeten Zucker, daneben Eiweiße und Aromastoffe. Der Stammwürzegehalt wird nach dem Kochen mit der Würzespindel geprüft.

Während die Würze kocht, wird der Hopfen zugegeben. Die Bitterstoffe des Hopfens lösen sich in der kochenden Würze. Je mehr Hopfen dem Bier zugegeben wird, desto herber wird sein Geschmack. Ein stark gehopftes Bier ist beispielsweise das Pils. Statt des Naturhopfens kann auch ein Hopfenextrakt oder Hopfenpulver gegeben werden, vielfach wird auch gemischt.

Nach dem Kochen wird die Würze »ausgeschlagen«, das heißt von der Würzepfanne in den Whirlpool gepumpt. Dabei wird sie, bei Verwendung von Naturhopfen, über den Hopfenseiher geleitet. Das ist ein Sieb, das den ausgekochten Hopfen zurückhält. Im Whirlpool wird die Würze geklärt. Die beim Kochen ausfallenden Stoffe würden im Bier einen unangenehmen Geschmack verursachen und die Gärung beeinträchtigen. Der Whirlpool ist ein großes rundes Gefäß, in das die Würze tangential eingeleitet wird. Dadurch wird der gesamte Gefäßinhalt in eine Rotationsbewegung gebracht. Die Trubteilchen setzen sich unten in der Mitte ab. Den gleichen Effekt können Sie beobachten, wenn Sie eine Flüssigkeit in einer Tasse mit dem Löffel in Rotation bringen. Eine weitere Möglichkeit ist die Entfernung des Heißtrubs durch Zentrifugen.

Zum Anstellen mit Hefe muß die Würze noch gekühlt werden. Dies geschieht in Wärmeaustauschern. Dort wird die Wärme der Würze im Gegenstrom auf Wasser übertragen, welches dann als Warmwasser im Betrieb eingesetzt werden kann. Bevor die Würze in den Gärkeller fließt, wird sie noch mit Sauerstoff versorgt. Über Kerzenfilter wird die Luft in die Würze

eingeleitet. Der Grund dafür ist, daß die Hefe sich nur bei der Anwesenheit von Sauerstoff vermehrt. Im Gärkeller soll erst eine Hefevermehrung und dann die Gärung unter Ausschluß von Sauerstoff stattfinden.
Bei der Gärung unterscheiden wir zwischen Ober- und Untergärung. Die Obergärung verläuft bei Temperaturen von 10 bis 20° C, die Untergärung bei Temperaturen von 5 bis 10° C. Nach der Angärung, bei der die Hefe noch wenig Aktivität zeigt, bildet sich innerhalb einiger Tage eine dicke Schaumschicht – die Kräusen.
Die Hauptgärung dauert sieben bis acht Tage. In dieser Zeit wird der Zucker in der Würze zu Alkohol und Kohlensäure abgebaut.
Die Hefe hat einen entscheidenden Einfluß auf die Qualität des Bieres, daher ist es wichtig, daß alle Hefezellen die gleichen Eigenschaften haben.
Oft wird der Stammwürzegehalt mit dem Alkoholgehalt verwechselt. Als Faustregel gilt, daß der Alkoholgehalt des fertigen Bieres ungefähr ein Drittel bis ein Viertel des Stammwürzegehalts ausmacht. Ein Bier mit zwölf Prozent Stammwürze hat also rund 4,5 Prozent Alkoholgehalt. Daraus ergibt sich, daß der Alkoholgehalt des Bieres im Vergleich zu anderen alkoholischen Getränken sehr niedrig ist. Durch die Umwandlung in Alkohol nimmt der Stammwürzegehalt langsam ab. Der Brauer kann genau kontrollieren, wie weit der Gärprozeß fortgeschritten ist.
Das Jungbier, wie man es jetzt nennt, wird geschlaucht, das heißt vom Gärkeller in den Lagerkeller gebracht. Hier muß es mehrere Wochen bei Temperaturen um 0° C nachgären und ausreifen. Das geschieht in Lagertanks, wo es sich auf natürliche Weise mit Kohlensäure anreichert und auch bis zur geschmacklichen Vollendung ausreift. Damit die Kohlensäure auch im Bier gebunden bleibt, erfolgt die Nachgärung unter Druck.
Der Lagertank wird mit einem Druckventil (Spundapparat) verschlossen und der richtige Druck eingestellt. Wenn dieser Druck überschritten ist, kann die überschüssige Kohlensäure entweichen.
Bevor das Bier abgefüllt wird, muß es im Filterkeller filtriert werden: Spezielle Filter entfernen die Trübstoffe und Hefen. Dadurch erhält man ein klares, oder, wie man in der Fachsprache sagt, ein glanzklares Produkt. Einige Biere werden aber auch naturtrüb abgefüllt, zum Beispiel das Hefe-Weißbier.

3. *Abfüllung*

In der Bundesrepublik werden rund 25 Prozent des Bieres auf Fässer abgefüllt. Während früher nur Holzfässer verwendet wurden, haben sich jetzt Fässer aus Metall durchgesetzt. Unterschieden werden zwei Formen: Das bauchige Metallfaß und das Keg. Der Hauptunterschied: Beim Keg ist das Rohr (oder auch der Degen) durch das Bier fließt, eingebaut und somit der Transportbehälter immer verschlossen.

Bei den Flaschenformen gibt es die alten Bügelverschlußflaschen, die jetzt von einigen Brauereien wieder verwendet werden, und die 0,5-l-Euroflaschen, ferner die NRW-Flaschen, die gedrungenen Steinieflaschen sowie die schlanken Vichyflaschen mit jeweils 0,33 l Inhalt.

Zunächst zur Faßabfüllung.
Vor dem Abfüllen werden alle Fässer gründlich gereinigt. Jedes einzelne Faß wird nach der Reinigung ausgeleuchtet und auf Sauberkeit kontrolliert.
Um das Bier ohne Kohlensäureverlust und schaumfrei abzufüllen, muß im Faß vor dem Füllen der gleiche Druck geschaffen werden, unter dem das Bier steht. Das geschieht mit dem Isobarometer.

Rund 75 Prozent des Bieres werden auf Flaschen abgefüllt.
Vorwiegend bietet sich die umweltfreundliche Mehrwegflasche an. Auch hier wird auf größte Sauberkeit geachtet. Die Flaschen durchlaufen in Körben die Reinigungsmaschine und werden nach Restentleerung und Vorspritzung in eine Lauge von 60 bis 80° C getaucht. Dann werden sie mit Lauge, Warmwasser und Kaltwasser ausgespritzt. Die Kontrolle, ob alle Flaschen sauber sind, geschieht durch elektronische Inspektionsmaschinen. Außerdem werden Prüfer eingesetzt, die eine Endkontrolle vornehmen. Alle Flaschen mit Fremdkörpern oder Defekten werden aussortiert.
Genau wie das Faßbier wird auch das Flaschenbier unter Gegendruck abgefüllt, um Schäumen und Kohlensäureverlust zu vermeiden.
Bier ist ein besonders sauerstoffempfindliches Produkt. Schon geringe Mengen an Sauerstoff, der durch die Luft in der Flasche ins Bier gelangen kann, vermag den Geschmack des Bieres nachteilig zu beeinflussen. Daher wird in modernen Flaschenfüllanlagen zunächst die Flasche evakuiert, dann mit Kohlensäure vorgespannt und mit dem Bier befüllt. Das Bier fließt durch ein Füllrohr ruhig in die Flasche. Nach dem Herausziehen des Füllrohres schäumt das Bier kurz auf und verdrängt die Luft, die sich noch im Flaschenhals befindet. Jetzt erst preßt der Verschließautomat den Kronenkorken auf die Flasche.
Nach dem Abfüllen versorgt die Etikettiermaschine die einzelnen Flaschen mit ihrem individuellen Kleid: dem Etikett. Die abschließende Kontrolle passieren nur Flaschen, bei denen Füllmenge, Verschluß und Etikett stimmen. Einpacker füllen mehrere Kisten gleichzeitig: Die Kisten werden mit dem Palettierer hochgestapelt und treten den Weg in die Versandhallen an.

Bierpflege

In die Haushalte gelangt das Bier meist über den Einzelhandel. Hier treffen also die Kunden ihre Auswahl. Die Wirte werden über die richtige Behandlung und Pflege des Bieres ständig vom Außendienst und in Seminaren der Brauereien mit Ratschlägen und Tips auf dem laufenden gehalten. Wie sieht es nun aber mit dem Flaschenbier aus, das der Verbraucher direkt im Einzelhandel kauft?

Scharfe Beobachter wissen längst, daß Bierflaschen immer braun oder grün sind. Das hat damit zu tun, daß Bier lichtempfindlich ist. Licht- und Sonneneinstrahlung auf eine Weißglasflasche würde chemische Wandlungen und damit unerwünschte Geschmacksveränderungen erzeugen. Hier stellt sich auch die Frage, was bei der Lagerung zu beachten ist. Grundsätzlich sollte man einen Hausvorrat nicht länger als sechs Wochen halten, denn nach diesem Zeitraum können Geschmackseinbußen eintreten. Schlecht wird das Bier selbstverständlich nicht, und ein Bierlaie wird den Unterschied ebenfalls nicht merken.

Flaschenbier sollte man stehend und möglichst in dunklen, kühlen Räumen lagern. Am besten eignet sich ein Kellerraum. Natürlich kann man Bier auch in der Wohnung aufbewahren.

Die günstigste Trinktemperatur liegt zwischen 7 und 9° C. Eine normale Kühlschrankeinstellung ist daher genau richtig: Kurz nach dem Herausnehmen hat das Bier die beste Temperatur. Manchmal haben Biertrinker die Erfahrung gemacht, daß das Bier trüb war. Das ist

meistens ein Zeichen dafür, daß es zu kalt auf den Tisch und ins Glas kam. Es ist deshalb jedoch nicht verdorben. Falls die Bierflaschen doch einmal zu kalt geworden sind, ist es günstig, sie in einem mäßig temperierten Raum langsam wärmer werden zu lassen, da so der Kälteschleier verschwindet. Die Flaschen sollten jedoch niemals plötzlich unter heißem Wasser oder an der Heizung erwärmt werden, das bekommt dem Bier ganz und gar nicht. Bei gefrorenen Flaschen besteht außerdem die Gefahr, daß sie platzen. Wenn Bier zu kalt ist, hat es weder das typische Bieraroma noch die Fähigkeit, Schaum zu entwickeln. Deshalb sollte Flaschenbier niemals schockgekühlt werden. Bier hat in der Tiefkühltruhe nichts zu suchen!
Ein zu warmes Bier schmeckt erfahrungsgemäß schal, weil die Kohlensäure zu schnell entweicht. Es gibt beim Einschenken unverhältnismäßig viel Schaum. Jedoch hält der sich nicht sehr lange und fällt ziemlich schnell in sich zusammen. Für den vollen Biergenuß ist jedoch nicht nur die Temperatur und der Frischegrad entscheidend. Hier spielen auch noch die Biergläser und vor allen Dingen das Einschenken eine gewichtige Rolle!
Wer ehrlich ist, muß zugeben, daß das Einschenken zu Hause schon einmal mißlungen ist. Dabei ist das richtige Einschenken weder eine Wissenschaft oder ein Geheimnis noch eine Kunst.

Das sollten Sie bei der Lagerung beachten:

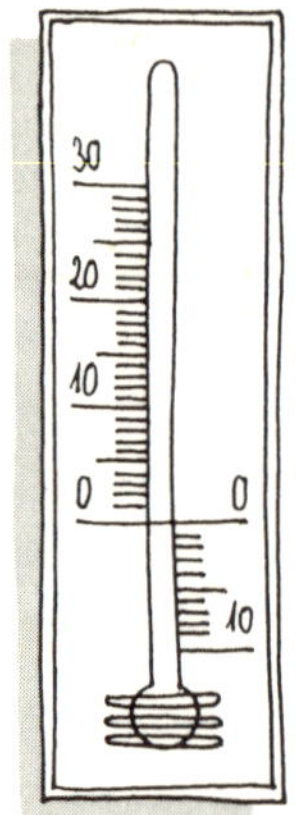

Weißbier ist,
wie alles, was wir trinken
oder verzehren, in
gewissem Maße empfindlich,
besonders für Wärme.

Kühle, dunkle
Lagerung bei einer
Temperatur von 6–8° C ist
ideal. Vermeiden Sie
Sonneneinstrahlung.
Auch langes Stehen im
warmen Kofferraum
Ihres Autos oder in Ihrer
Wohnung ist unbedingt
zu vermeiden.

Lagern Sie Ihr Weißbier stehend!
Im Liegen kann es passieren, daß die
obergärige Hefe zusammenklumpt
und sich beim Einschenken nicht mehr
auflöst.

Verwenden Sie ein
original Weißbierglas
oder einen Tonkrug.
Spülen Sie das Glas vor
dem Einschenken mit
kaltem Wasser aus und
lassen Sie es nur abtropfen.
Nicht abtrocknen.

Öffnen Sie nun vorsichtig die Flasche, damit die Kohlensäure langsam entweichen kann. Halten Sie nun das Glas möglichst schräg und schenken Sie behutsam am Glasrand entlang ein. Sind etwa 2/3 der Flasche eingeschenkt, heben Sie das Glas an, so daß eine Schaumkrone entsteht.

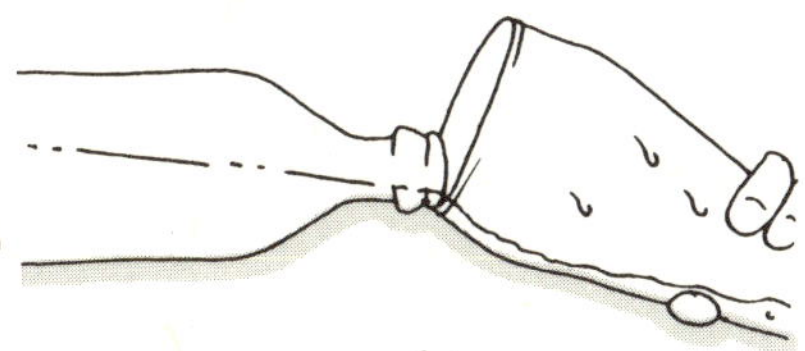

Ist die Flasche fast geleert, schwenken Sie das restliche Bier hin und her, damit Sie auch den Hefesatz lösen und dann ins Glas einschenken. Schließlich ist die Hefe das geschmackliche Tüpfelchen aufs i.

Es müssen nur einige Regeln beachtet werden, um ein Bier zu servieren, das einer vollendeten Gastlichkeit alle Ehre macht. Vor dem Einschenken sollte man unbedingt den Gläsern seine Aufmerksamkeit schenken.
Gläser müssen absolut fettfrei sein, da Fett den Schaum zerstört und das Bier schal werden läßt. Am perfektesten reinigt man die Gläser mit einem Spezial-Biergläserreinigungsmittel, wie es Gastwirte verwenden. Normale Spülmittel bilden einen Film auf dem Glas, der die Schaumkrone verhindert. Deshalb müssen die Gläser nach dem Abwaschen mit klarem Wasser sorgfältig gespült werden, so daß keine Spülmittelreste zurückbleiben. Nach dem Abwaschen läßt man die Gläser einfach abtropfen. Natürlich kann man sie auch mit einem trockenen Gläsertuch polieren. Vor dem Einschenken werden die sauberen Gläser noch einmal mit kaltem Wasser ausgespült. Sie sollen kühl sein, damit die im Bier enthaltene Kohlensäure nicht so schnell entweicht.
Beim Einschenken ist zu beachten, daß die Flasche im rechten Winkel zum Glas gehalten wird. Das Bier wird in die Mitte des Glases gegossen, bis die Schaumkrone den Rand erreicht hat. Anschließend sollte man das Bier kurz stehen lassen, damit der Schaum sich absetzt. Danach gießt man – ebenfalls wieder in die Mitte des Glases – soviel nach, bis sich eine schöne Schaumhaube bildet. Ein so fachmännisch eingeschenktes Glas Bier wird mit Sicherheit das Herz eines jeden Bierfreundes höher schlagen lassen! Eine Ausnahme bei der Einschenkregel macht das Weizenbier, das besonders viel Kohlensäure enthält. Damit es nicht überschäumt, läßt man das Bier am schräg gehaltenen Glas vorsichtig einfließen.

Dem Wirt ins Stammbuch ...

Vom Eischenkn

As Eischenkn von an Pils
is a Kunst
und will galernt sei.
Fer den, wu zuguckt,
a feierlia Handlung,
siem Minutn lang,
und nix fern schnelln Dorscht.

As Glos halt unnern Hahna,
krumm,
dann aufdreh,
und wenn der Bierrahm eischießt,
langsam widder hoch.
Dann muß mer wart.
Der bernschteegelbe Saft
schteigt langsam hoch,
bloß millimeterweis.
Mer kann a bißla simerlier derbei,
zun Fenster naus,
der Wolkn nach,
an Vouchl zuhorch.
Dann widder nachläff laß,
bis nachanach es Gold im Glos
dreifingerbrät vom Rand schtett,
der feste Schaum bis oum.
Dann nu an guetn Schuß,
bis sie sich übern Glosrand wölbt,
as Beste an an Bier:
die schneeweiß Bortn.
Und dann –
dem Gast zum Wohl
und Prost!

Anneliese Lussert

Bierprobe

Daß es Weinproben gibt und daß man den Wein nach ganz bestimmten Regeln mit gebührender Feierlichkeit »verkostet«, weiß jedes Kind. Zumindest dort, wo der Wein sozusagen vor der Haustür wächst.

Weit weniger ist hingegen allgemein bekannt, daß eine Bierprobe kein moderner Jux, sondern vielmehr eine durchaus ernsthafte und auch ernsthaft betriebene Angelegenheit ist. Eine Sache mit Tradition sogar, denn die erste Qualitätsprüfung des Bieres dürfte rund 4000 Jahre zurückliegen. Sie fand nämlich in den Jahren 2000 vor Christus statt, damals, als das Bier in Babylon die ersten Sprossen der Popularitätsleiter erklomm.

Mit der Tradition soll man weder schlampig, noch in unangebrachter Eile umgehen. Der Begriff vom »Bier-Test«, der kürzlich irgendwo an das Tageslicht gezerrt wurde, wäre darum besser in der Versenkung geblieben, in der er besser aufgehoben war. Ganz anders ist es mit dem Wort »Sensorik«. Ohne Sensorik wäre nämlich keine Wein- oder Bierprobe denkbar. Sensorik stammt vom lateinischen »sensus« = Sinne. Sensorik hat also damit etwas zu tun, ein Produkt mit den Sinnen zu erfassen.

Übertragen auf unser Getränk bedeutet es, Bier zu sehen, zu schmecken und zu riechen – ja, sogar zu fühlen. Die Sinne werden, bis zum unterschiedlichen Prickeln der Kohlensäure auf der Zunge, dazu eingesetzt, um ein Produkt nach seinen Eigenschaften zu beurteilen und einzuordnen. Jeder erwachsene Mensch, der über normal entwickelte Geruchs- und Geschmacksnerven verfügt, eignet sich darum zu einer sensorischen Verkostung, die man etwas weniger bombastisch auch schlicht, aber verständlich, eine – Bierprobe nennen kann! Halt! Ausgenommen ist, wer ein (geschmacklich) beeinträchtigtes Urteilvermögen hat. Dafür können Erkrankungen im Bereich der Mund- und Rachenhöhle oder aber eine langdauernde Überreizung spezieller Rezeptoren die Ursache sein, wie beispielsweise bei starken Rauchern. Aber auch bei älteren Menschen nimmt die Zahl der empfindlichen Geschmacksknospen mit zunehmendem Alter ab. Von diesen Ausnahmen abgesehen, ist jeder Mensch als »Verkoster« geeignet. Freilich gilt auch hier: Wer öfter »probt«, kann auch ein zunächst schwach ausgeprägtes Geschmacksempfinden schulen und dessen Sensibilität steigern.

Das Drumherum

Es gibt Dinge, auf die muß man sich wirklich bis zur Nasenspitze konzentrieren, um sie zu begreifen. Nun wäre es sicher abwegig, eine Bierprobe zu einer Art kultischen Handlung zu stilisieren, die grundsätzlich mit Leichenbittermiene zu absolvieren sei. Wer sich das so vorstellt oder gar praktiziert, nimmt dem Bier seine wichtigste Eigenschaft nach dem Durstlöscher – die Lebensfreude, die dieses natürlich gebliebene Produkt vermitteln kann.

Gehen Sie also die Bierprobe humorvoll und mit Freude an. Nicht überall gibt es dazu einen separaten Probierraum, der allein für diesen Zweck genutzt wird. Das wäre ideal, aber es geht auch anders. Der Raum sollte nur gleichmäßig hell (ohne störende Sonnenreflexe), mit möglichst gleichmäßig neutralen Wänden und abgeschirmt von allen äußeren Lärmquellen sein. Wer prüft und probt, sollte also nicht durch äußere optische Reize abgelenkt werden.

Logisch auch, daß der Raum gut belüftbar und frei von ablenkenden Gerüchen sein muß. Tabaksqualm, Ofenrauch, Küchen- und Gewürzgerüche können das Ergebnis beeinflussen, und das ist ja nicht Sinn der Sache. Ein guter und fachmännischer Veranstalter hat auch einen Blick auf die Raumtemperatur: 18 bis 20 Grad bei nicht zu trockener Luft.

Noch ein Hinweis zu den Gläsern: Sie sollten in Form und Größe einheitlich sein, natürlich neutral und eine Kennzeichnung mit der Ziffern- oder Buchstabenfolge 1., 2., 3. ... oder A, B, C ... tragen. Die Kennzeichnung kann man mit einem fetthaltigen Glasschreiber leicht selbst vornehmen.

Übrigens sind Gläser mit höherer Wandung besser für eine Bierprobe geeignet, weil sie leichter die flüchtigen Geruchsstoffe über der Getränkeoberfläche festhalten.

Sehr wichtig ist schließlich noch, daß alle vorgestellten Proben die gleiche Temperatur haben, denn Temperaturunterschiede wirken

sich auf den Geschmack aus. Vergleichsweise ist ja auch die Anzahl der Menschen sehr gering, die eine kalte Linsensuppe als ausgesprochene Delikatesse empfinden ...

Was kann man falsch machen?
Eigentlich nichts. Aber das ist blanke Theorie. Wer in Sachen Bierprobe noch nicht die nötige Routine und Erfahrung besitzt, kann immer wieder die gleichen Fehler machen. Ein paar Hinweise können zwar nicht die Erfahrung ersetzen, aber die Aufmerksamkeit darauf lenken, worauf es ankommt!
Bei einer Bierprobe kann man nicht Äpfel mit Birnen vergleichen. Verkosten Sie darum Vergleichbares: Getränke einer Geschmackssorte, gleicher Art und von gleicher Temperatur.
Vergleichsproben immer in aufsteigender »Reizschwelle« verkosten. Das bedeutet, nicht den stärksten Geschmackseindruck an den Anfang zu stellen. Die empfindlichen Geschmacksknospen der Zunge werden sonst »blind« und können dann auf schwächere Geschmacksreize nicht mehr ansprechen. Wenn nötig, kann man die Geschmacksreizung zwischen den einzelnen Proben mit (geschmacksfreiem) Wasser neutralisieren. Ähnliche Dienste leisten auch Knäcke- oder geschmacksfreies Weißbrot. Ein guter Tip: Man nehme sich dazu viel Zeit!

Allzuviel ist ungesund! Darum sollte man sich nie zu viele Proben vornehmen. Umgekehrt ist ein Bierprobe auch keine Massenveranstaltung: Sechs Personen in einer Gruppe sind bei jeder Bewertungs- oder Vergleichsverkostung das Maximum – weniger wäre besser.
Höher kann die Anzahl der vorgestellten Proben sein, wenn es um eine Beliebtheitsverkostung geht. Dabei kommt es nämlich auf die persönliche, mehr subjektive Einschätzung von seiten der Teilnehmer an. So können hier auch unterschiedliche Geschmackssorten und Arten in einem Durchgang verkostet werden. Man tut jedoch gut daran, zu bedenken: Dem Fassungsvermögen der Prüfenden sind sehr natürliche Grenzen gesetzt. Schon bei zwei bis drei Schlucken je Probe kommt man bei 15 Sorten ziemlich nahe an einen respektablen Liter Flüssigkeit. Das aber ist nicht jedermanns Sache. Ein Zuviel des Gebotenen könnte außerdem nur dazu führen, daß die Beurteilung der letzten Proben beeinträchtigt ist.
Hast ist in unserem Leben ohnehin die Wurzel allen Übels. Folglich hat jede Hast bei einer Bierprobe nichts verloren: Eine Bierprobe unter Zeitdruck ist ein Widerspruch in sich! Die Geschmacksnerven sind sowieso schon empfindlich. Auf Zeitdruck reagieren sie, wie alle anderen Nerven, gereizt. Überreizte Geschmacksnerven aber reagieren falsch oder verweigern ihren Dienst – sie nehmen feinere Geschmacksreize nicht mehr wahr.

Ganz ähnlich ist es mit den Einflüssen von außen. Wenn dauernd das Telefon im Nebenzimmer klingelt, öfter die Tür aufgerissen und nach Herrn X gefragt wird oder sich vor dem Fenster zwei Mitmenschen über die Aufzucht von Stangenbohnen streiten, dann sind Stimmung und Harmonie beim Teufel.

Prüfung und Prüfung ist zweierlei
Genaugenommen sind es sogar vier Gesichtspunkte, unter denen man eine Bierprobe vornehmen kann. Das muß man ein bißchen unterscheiden, um zu wissen, worum es geht und worauf es ankommt. Das ist zuerst die

Beliebtheitsprüfung
Sie ist zwanglos und kann mit Laien durchgeführt werden. Es geht darum, wie ein reprä-

sentativer Verbraucherkreis ein Produkt geschmacklich subjektiv beurteilt.
Zur Gruppe der analytischen Prüfungen zählt die

Unterschiedsprüfung
und deren einfachste Art ist der Duo-Test oder die »paarweise Unterschiedsprüfung«. Noch einfacher: Es geht darum, zwei Dinge miteinander zu vergleichen. Das fängt mit der simplen Frage an »Ist überhaupt ein Unterschied zu erkennen?« Oder man stellt ganz gezielte Fragen: »Welche Probe ist intensiver (voller, spritziger, süßer)?« Um das herauszubekommen, werden drei bis zehn geschulte Prüfer eingesetzt, die vorher über den Zweck der Prüfung unterrichtet wurden.
Die nächste Stufe ist der sogenannte Triangeltest, die Dreiecksprüfung, als die am häufigsten benutzte Form der Unterschiedsprüfung. Ein Prüfverfahren, das geeignet ist, auch geringste Geschmacksunterschiede sensorisch zu erkennen, also »mit den Sinnen zu erfassen«. Der Witz an der Sache: Jeweils eine Gruppe mit drei Proben umfaßt zwei identische und eine abweichende Probe, tückischerweise in unterschiedlicher Reihenfolge.

Qualitätsprüfung
Bei der Qualitätsprüfung kommt es darauf an, die absolute Qualität zu ermitteln und zwar nach Qualitätsvorstellungen, die vorher mit allen Merkmalen und Einzelheiten genau definiert sind.
Diese Prüfung wird übrigens auch bei den bekannten Qualitätsermittlungen der Deutschen Landwirtschafts-Gesellschaft (DLG) angewandt. Die Qualität wird mittels einer Güteskala mit mindestens fünf, höchstens neun Stufen beurteilt. Zum Schluß sei noch die

Rangordnungsprüfung
erwähnt. Sie nimmt eine Sonderstellung ein, denn hier erfolgt die Bewertung der Proben nach einem einzigen Gesichtspunkt. Es gibt also nur ein »sensorisches Merkmal«, und die Rangfolge soll der Prüfer nun so bestimmen, wie er die Stärke dieses Merkmales empfindet. Der Vorteil bei dieser »Rangfolge nach Intensität« liegt darin, daß der Prüfer die einmal festgelegte Reihenfolge überprüfen und auch noch korrigieren kann.
Ob Bierprobe mit und für Laien, ob Triangeltest oder Rangordnungsprüfung durch Experten, für sie alle hat Gültigkeit, daß dies eine Angelegenheit ist, bei der uns das liebenswürdige Bier gerne noch ein Augenzwinkern gestattet: Es muß nicht immer bierernst dabei zugehen.

Sensorische Beurteilung

Biersorte ______________ Datum Abfüllung ______________

Temperatur °C ______________ Datum Kostprobe ______________

1. Optik	Beschreibung	Punkte Ist	Punkte Soll
1. Farbe	sehr helles Gelb	5	5
2. Klarheit	glanzfein	9	9
3. Schaumbildung	sehr gut	5	5
4. Schaumhaltbarkeit	sehr gut	9	9
5. Schaumhaftvermögen	gut	8	9
		36	37

2. Flavour			
1. Geruch allgemein	rein	9	9
2. Spezifischer Sortengeruch	leicht hopfig	4	5
3. Antrunk – Rezenz	rezent spritzig	5	5
4. Haupttrunk			
4.1 Vollmundigkeit	vollmundig	9	9
4.2 Intensität der Bittere	kräftig	9	9
4.3 Qualität der Bittere	fein	9	9
4.4 Nebengeschmack	keiner	9	9
5. Nachtrunk	kräftig trocken	9	9
6. Sortenspezifischer Gesamteindruck		9	9
		108	110

Punkte	Bewertung
105–110	sehr gute Qualität – sortentypisch
91–104	gute Qualität – noch sortentypisch
75– 90	leichte Mängel – nicht mehr ganz sortentypisch
60– 74	stärkere Mängel – nicht mehr sortentypisch
unter 60	erhebliche Mängel

Erhebliche Mängel liegen auch vor, wenn nur ein Kriterium unter 50% liegt.

Kleines Bierlexikon für Genießer, Durstige und Lebenskünstler

Vom Bier wird viel verlangt. Es soll zuerst einmal den Durst löschen, es soll bekömmlicher Geselle zu den Mahlzeiten sein, Leib und Seele stärken, der Gesundheit dienen und die Menschen ein wenig zueinanderführen. Dabei soll es freilich jene Unaufdringlichkeit an den Tag legen, die es im Luxusrestaurant ebenso willkommen sein läßt, wie zur schlichten Brotzeit. Es soll vor allen Dingen dazu da sein, um uns die schönen Stunden des Lebens vergnüglicher zu machen – ob am Stammtisch, beim Fußball, vor dem Fernsehschirm oder zu unzähligen anderen Gelegenheiten.

Bier verlangt kein Getöse, keinen Aufwand, es braucht keine Sensationen und »kei Krämpf« – es ist da, mit selbstverständlicher Bescheidenheit. Mit wie wenig kann ein Mensch glücklich sein, meint Ludwig Thoma, wenn er ein kühles Bier und Bräustübl als »Paradies auf Erden« hat. Was sich aber außerdem noch hinter dem Stoff verbirgt, der die Welt erobert hat, davon berichtet dieses Bierlexikon von A bis Z ...

A

Ale

Dunkel, englisches Bier, mild-süßlich im Geschmack, weniger Hopfengehalt, mehr Malz und Zucker, kaum Schaum, 3,5 bis 4 Prozent Alkohol.

Hell, englisches Bier, stark gehopft und recht bitter, wenig Kohlensäuregehalt, kaum

Schaum, wird nicht zu kühl eingeschenkt, 3,5 bis 4 Prozent Alkohol.

Alkoholarmes Bier
ist ein Bier mit einem Alkoholgehalt unter 1,566 Prozent und wird wie das

Alkoholfreie Bier
ein Bier mit einem Alkoholgehalt unter 0,5 Prozent – in der Bundesrepublik nach dem deutschen Reinheitsgebot gebraut.

Alkoholgehalt
Der Alkoholgehalt des Bieres hängt eng mit dem Stammwürzegehalt zusammen: Ein Drittel bis ein Viertel der Stammwürze wird durch Gärung in Alkohol umgewandelt. So hat beispielsweise Pils bei einem Stammwürzegehalt von etwa 12 Prozent einen Alkoholwert von etwa 4,5 Prozent.

Altbier
ist ein kräftig gehopftes, obergäriges, kupferbraunes Vollbier. Es stammt vom Niederrhein, vorwiegend aus dem Raum Düsseldorf. Die Art, ein Bier obergärig zu brauen, wird auch als »alte Art« bezeichnet.

Alt-Ochsenfurter-Kauzen
Untergärig, würzig-frische Spezialität, dunkler Biertyp, gute Schaumhaltigkeit, sehr aromatisch, 5 bis 5,4 Prozent Alkohol.

Anzapfen
Beliebter Auftakt zu Bierparty oder Bierfest. Durch Einschlagen des Zapfhahnes in eine Metallbüchse am unteren Rand des Fasses wird das Auffüllen eines Bierkruges ermöglicht.

Ausstoß
Bierherstellung. Man spricht vom jährlichen Bierausstoß einer Brauerei (siehe Bierausstoß).

Augustinus
Prediger der abendländischen Kirche (354–430), wurde von den bierbrauenden Mönchen zum obersten Patron und Beschützer der Braukunst erhoben.

B

Berliner Weiße
gilt als Sommergetränk. Die nur schwach gehopfte Berliner Weiße ist ein altes, obergärig gebrautes Bier, das aus Weizen- und Gerstenmalz hergestellt wird. Typisch ist der hohe Kohlensäuregehalt. Mit nur 8 Prozent Stammwürze (Alkoholgehalt etwa 2,6 Prozent) gehört die Berliner Weiße zu den Schankbieren. Früher gab es jedoch alle Stärken, selbst ein Weiße-Starkbier. Die Weiße wird außer mit Hefe noch mit Milchsäure vergoren, daher stammt der erfrischend-säuerliche Geschmack. Zumeist wird die Säure mit einem ordentlichen »Schuß« Waldmeister- oder Himbeersaft übertönt. Getrunken wird die Weiße aus einer halbkugelförmigen Schale, eine Molle (Mulde), wie es früher hieß.

Bier
ist ein *Getränk*, das durch alkoholische Gärung aus Hopfen, Hefe, Malz und Wasser entsteht.
Für untergärige Biere darf nur Gerstenmalz, für obergärige darf auch Weizenmalz mitverwendet werden.

Bierarten
Bei den Bierarten unterscheidet man in ober- und untergärige Biere. Untergärige Biere sind beispielsweise Vollbier Hell, Pils, Märzen, Export Hell, Festbier, Bockbier, Nährbier. Beispiele für obergärige Bierarten sind das Weizen, das Alt, das Kölsch und die Berliner Weiße.

Bierausstoß
Pro Jahr werden in Deutschland rund 92 Mill. Hektoliter Bier gebraut.

Biergattungen
sind gegliedert nach dem Stammwürzegehalt (siehe dort). Hierbei werden unterschieden:

Einfachbiere	2,0 bis 5,5	Prozent Stammwürze
Schankbiere	7 bis 8	Prozent Stammwürze
Vollbiere	11 bis 14	Prozent Stammwürze
Starkbiere	über 16	Prozent Stammwürze

Während Einfachbiere kaum auf dem Markt sind, erleben die Schankbiere aufgrund ihres reduzierten Alkohol- und Kaloriengehaltes in letzter Zeit einen deutlichen Anstieg. Vollbiere sind alle Biere mit einem Stammwürzegehalt von 11 bis 14 Prozent, hierunter fallen sämtliche Pilsner-, Export-, Alt- und Weizen-Biere. Starkbiere mit Stammwürzegehalten von über 16 Prozent werden Bockbier genannt. Ist der Stammwürzegehalt über 18 Prozent, so gelten sie als Doppelbock oder Biere mit »ator«-Endungen.

Biersorten
Die meistgetrunkenen Biersorten sind Pils, Export, Alt, Kölsch, Weizenbier, Bock.

Biertypen
Die Biertypen sind meist durch ihre Farbe und ihre geschmackliche Beschaffenheit festgelegt. So sind zu unterscheiden helle Biere wie Pilsner, Dortmunder oder auch das helle Münchner sowie dunkle Biere, Münchner, Kulmbacher sowie mittelfarbige Biere wie das Wiener Bier. Diese Biertypen verdanken ihre Entstehung einer jeweils spezifischen Zusammensetzung des Brauwassers, dem Charakter des verbrauchten Malzes und anderen Faktoren des Brauvorganges.

Bierbauch
Fälschliche Bezeichnung für Wohlbeleibte. Kommt allerdings weniger vom Bier, es ist mehr ein »Süßigkeiten-Eisbein-Schnaps-Bauch«.

Bierbaß
Bezeichnung für eine auffallend tiefe oder dunkle Stimme.

Bierdeckel
Untersetzer für Biergläser, rund oder eckig, im Bundesgebiet werden alljährlich rund 2 Milliarden verbraucht, zum Teil auch von Liebhabern gesammelt.

Bierdeckelpoet
Jemand, der lustige Reime auf das Biervergnügen verfaßt.

Biereifer
Bezeichnung für besondere Emsigkeit; galt ursprünglich für Studenten, die dem Bier mehr als dem Studium huldigten.

Bierernst
zeigt ein »Gestandener Mann«, der so übertrieben seriös und bieder an alles herangeht, daß die Lebensfreude oft zu kurz kommt. Was nicht ohne tragikomische Wirkung bleibt.

Bierfiedler
Musikant in einer Gaststätte.

Bierfisch
Auch »Bierforelle«, Krümel oder sonstige unerwünschte Fremdkörper im Bier.

Bierflecken
können mit etwas warmem Wasser ausgewaschen werden, hinterlassen keine Ränder.

Bierglas
Spezielle Formen für verschiedene Sorten sind üblich. Nördlich des Mains gängige Größe 0,25 l, ab der Mainlinie 0,5 l Inhalt. Gläser sollten nicht mit Spülmittel behandelt werden. Vor dem Gebrauch mit kaltem Wasser ausspülen.

Biergrazie
Auch Biernymphe, Kellnerin oder Schankmädchen.

Bierorgel
Klavier in Studentenkneipe und überall dort, wo zu später Stunde das Instrument mit einem Bier »geschmiert« wird.

Bierreise
Längerer, meist in Gesellschaft unternommener Streifzug durch mehrere Bierlokale, wobei bei Reiseantritt die Heimkehr offen bleibt.

Bierrunde
Fröhliche Zechergemeinschaft, meist an Stammtischen, aber auch zufällig zusammensitzend. Auch Bezeichnung für Einladung an Tischgenossen zum »Mithalten«.

Bierruhe
Sehr gesundheitsfördernd, Ausdruck für versöhnliche Gelassenheit, bewahrt passionierte Biertrinker vor überhitzten oder übereilten Reaktionen.

Biersteuer
eine der ältesten Verbrauchssteuern. Wurde seit dem Mittelalter als Umgeld, Bierziese, Malzaufschlag, Tranksteuer, Zehnt oder Groschen bezeichnet. Durch unterschiedliche Steuersätze nach dem Bierausstoß der jeweiligen Brauerei (Mengenstaffel) und nach dem Stammwürzegehalt des Bieres (Qualitätsstaffel) wird der ungünstigeren Wettbewerbslage des mittelständischen Braugewerbes Rechnung getragen.

Bier trocken
Zumutung für Norddeutsche, ein Bier ohne Schnaps zu trinken.

Bier vom Faß
Von Kennern als besonders erfrischend geschätzt, meist gut gekühlt aus dem Maßkrug genossen.

Bierwarze
Klingelknopf in der Bierwirtschaft, um die Bedienung herbeizurufen.

Bierzahn
Weibliches Wesen, das gerne ein Bier trinkt.

Bierzähler
Adamsapfel, der mit seinem Auf und Ab jeden Schluck des getrunkenen Bieres genau registriert.

Bleifreies Bier
Scherzhafte Bezeichnung für alkoholfreies Bier.

Blonde
Bezeichnung für Bier seit 100 Jahren. Zuerst in Berlin, dann allgemein, für helles Bier, heute zumeist Pils im hohen schlanken Glas. Auch »Kühle Blonde«.

Blume
Feine sahnige Krone des Schaums auf Glas oder Krug. Die Blume – auch Kragen, Krone oder Feldwebel genannt – soll über den Glasrand hinausstehen. Je frischer ein Bier, desto schöner die Blume.

Ein Trinkspruch, der von kavaliersmäßigem akademischem Flair umgeben ist. Die Blume der Blume: mit einem frisch gefüllten Glas einer Dame zutrinken.

Bockbier
Als untergäriges Starkbier speziell in Bayern gebraut und bekannt. Ein Starkbier hat mindestens 16 Prozent Stammwürze und zwischen 6 und 8 Prozent Alkohol. Traditionell wird mit dunklem Malz (heute auch mit hellem) gebraut. In der Farbe reicht die Skala von einem satten Hell bis Dunkel. Sein Aroma ist kräftig, den Geschmack betont das Malz und der Schaum ist feinblasig. Jahreszeitliche Spezialität (KAUZEN-BOCK).

Braunbier
Bezeichnung für alkoholarme, meist süß schmeckende Malzbiere.

Braunschweiger Mumme
Haltbares Starkbier, von Christian Mumme um 1490 gebraut, das als erstes deutsches Bier in alle Welt verschifft werden konnte.

Brauer-Stern im Schild
Seit eh und je führen Wirte den Brauer-Stern im Schilde, um den Freunden besonderer Bierqualität den rechten Weg zu weisen. Die Verbindung des sechsstrahligen Hexagramms zum Bier geht auf die Alchimisten zurück. Für sie war es die Symbol-Vereinigung der für die Bierherstellung notwendigen »alten Elemente«, die Identifizierung mit der sichtbaren Schöpfung. Dabei stand neben dem so wichtigen Wasser, die Erde für das Gerstenmalz, das Feuer für die Darre oder Pfanne im Sudhaus und die Luft für den »Geist« im Bier – die Kohlensäure. Aus dem Zeichen für mittelalterliches Brauen wurde eine Auszeichnung: so

erhielten »reputierliche Personen« das Recht, selbstgebrautes Bier auszuschenken und durften sie dieses Privileg durch den Stern im Schild dokumentieren.

Brotzeit
Kleiner Zwischenimbiß mit Bier.

Bullenkopp
In Münster verwendeter Steingutkrug, der sechs Liter Altbier faßte.

D

Darren
Trockenprozeß der Braugerste, bei dem das Malz sein charakteristisches Aroma erhält.

Diätbier
enthält weniger Kohlenhydrate, daher auch für Zuckerkranke geeignet. Untergäriges Bier mit Pilscharakter, helle Farbe, kaum Stammwürze, leicht, mild, blasiger Schaum, Alkoholgehalt 3,6 bis 5 Prozent.

DLG
Deutsche Landwirtschaftsgesellschaft, prüft seit 1975 u. a. auch die Güte, Schaumhaltigkeit und Haltbarkeit von Bier.

DLG-Medaillen
Neutralgeprüfte Qualitätszeichen

Doppelbock
ist eine Erfindung der bayerischen Franziskaner-Mönche, denen das übliche Bockbier offensichtlich zu leicht war. Doppelbock hat eine Stammwürze von mindestens 18 Prozent und einen Alkoholgehalt von etwa 6 Prozent. Doppelbockbiere bekommen zusätzliche Namen, die auf »-ator« enden. Noch stärker ist der Eisbock mit 28 Prozent Stammwürze und 9 Prozent Alkohol. Er erreicht seine Stärke dadurch, daß ihm Wasser durch Einfrieren entzogen wird.

Dortmunder
Helles, untergäriges Bier, weniger gehopft als »Pilsener«, aber herber als »Münchener«.

Draufsetzer
besagt, daß der Besteller das Bier als Beigetränk zu einem Schnaps betrachtet, den er mit Bier entschärfen möchte. Auch: Letzter Schlußtrunk zur Beendigung eines feuchtfröhlichen Abends.

Durchblutungsfördernd
gilt Bier, beruhend auf den aromatischen Stoffen des Hopfens, der Kohlenhydrate aus verarbeiteter Gerste und dem Alkoholgehalt.

Düssel
Dunkles, obergäriges Altbier, hopfenbitter, mit wenig Kohlensäure und darum fast ohne Schaum.

E

Einbeck
Ort in Niedersachsen, die Geburtsstätte des Bockbiers. Der Export dieses Bieres nach Bayern fand bei dem Bayernherzog soviel Anklang, daß er einen Einbecker Braumeister abwarb.

Einfach-Bier
mit 2 bis 5,5 Prozent Stammwürzegehalt ist heute fast völlig vom Markt verschwunden.

Etiketten
Das bunte Kleid der heutigen Bierflaschen – zeigen an, woher das Bier kommt, wie es heißt und welche besondere Geschichte mit ihm verbunden ist. Die Etiketten sind also weit mehr als nur eine Herkunftsbezeichnung. Sie lösten die einstigen Relief-Buchstaben auf den Glasflaschen ab.

Export-Bier
Ein untergäriges, vollmundiges, sehr anregendes und aromatisches Bier, bei dem die harmonische Bittere betont ist. Sein Stammwürzegehalt liegt bei 12,5 bis 13 Prozent.

F

Faßanstich
Besonderes Ereignis und Festlichkeit, unabhängig vom Alter der Teilnehmer, vom Wetter oder von der Jahreszeit. Könner vollziehen den Anstich, ohne daß ein Spritzer Bier danebengeht.

Faßbier
Sein Anteil liegt heute nur noch bei etwa 25 Prozent. Die Zeit hölzerner Bierlager- und Transportfässer ist zu Ende. Tanks aus Edelstahl oder Aluminium haben sie abgelöst. Die Metallfässer, mit denen heute die Gaststätten beliefert werden, sind zudem robuster, sicherer und gewährleisten eine gute Schaumhaltig-

keit. Dazu kommt die bessere Stapelfähigkeit und ein niedrigeres Gewicht. Auch in den meisten Brauereien haben die ersten mit Eisenringen beschlagenen Holzlagerfässer modernen Lagertanks aus hochwertigen Metallen Platz gemacht.

»Faßboudn«
Fränkisches Mundartgedicht des Heimatpoeten Engelbert Bach; erzählt die Geschichte eines alten Faßbodens aus jener vergangenen Zeit in der ein kunstvolles Schnitzwerk an den Holzfässern noch von der handwerklichen Kunst des Brauens kündete.

Feldwebel
nennt man den weißen Schaumstreifen im frisch eingeschenkten Glas.

Flaschenbier
Heutiger Anteil rund 75 Prozent. Ohne die sauberen Flaschen aus Glas, die weder Geschmacks- noch Geruchsstoffe aufnehmen, wäre ein heutiger Bierkonsum undenkbar. Darum gilt der Grundsatz: Sauberkeit und Zustand ist entscheidend für die Qualität ihres Inhaltes.

Flaschenkind
Scherzhafte Bezeichnung für den, der sein Bier gleich aus der Flasche trinkt.

Flaschenverschluß
Bis etwa 1965 Bügelverschluß. 1965 durch die Euroflasche abgelöst. Sie begünstigte den Siegeszug des Kronenkorkens. Der Fachmann spricht vom Kronenkorken mit Compound. Seine Vorteile: Bessere Dichtung und Elastizi-

tät, keine Schimmelbildung. Der Bügelverschluß hat heute noch viele Liebhaber.

Flöte
So nennt man ein Bierglas mit geraden Wänden und kleinem Durchmesser; typisches Glas für Kölsch.

Frau Gasthof
Scherzhafte Anrede für Kellnerin.

G

Gärung
ist ein Vorgang, bei dem die Hefe den Malzzucker in Alkohol und Kohlensäure verwandelt. Im Gärkeller wird der Würze die Hefe zugegeben. Untergärige Hefen vergären die Stammwürze bei Temperaturen zwischen 5 und 10 Grad in etwa sieben Tagen. Obergärige Hefen brauchen Temperaturen zwischen 15 und 22 Grad, benötigen dafür aber nur vier bis sechs Tage. Nach der ersten Gärung kommt das Jungbier für sechs bis acht Wochen in den Lagerkeller und reift dort bei Temperaturen um den Gefrierpunkt nach. Erst dann wird es filtriert (Ausnahme: naturtrübes Bier) und abgefüllt.

Gambrinus
Schutzpatron der Brauer, sagenhafter Bierkönig und oberster Ritter vom Bier. Die Sage verherrlicht Gambrinus als König von Flandern und Brabant (1536); in anderer Version leitet sich der Name von Jan Primus her, einem um 1251 geborenen burgundischen Fürsten. In alten Zunftbüchern wird er als Erfinder der Braukunst gepriesen. Wenn auch nur eine liebenswürdige Sage, so doch für Bierfreunde Grund genug, »ihren« König oft ordentlich hochleben zu lassen.

Gerste
Zweizeilige Sommergerste ist wegen des niedrigen Eiweißgehaltes zum Brauen am besten geeignet. Sie wird durch Keimen und Darren in Malz umgewandelt und dann erst zum Brauen verwandt.

Gesangbuch mit Henkel
Umschreibung für Bierkrug, kommt aus der gleichen Sprachecke wie »Teufels Gesangbuch« für das Kartenspiel.

Geschmack des Bieres
Er soll auf den jeweiligen Biertyp abgestimmt und auch im abgefüllten Bier möglichst lange konstant sein. Die Stärke der Geschmacksempfindungen hängt ab von der Temperatur des Bieres, je kälter dieses ist, um so weniger ausgeprägt werden die Geschmacksempfindungen sein, des weiteren vom Kohlensäuregehalt des Bieres und von der persönlichen Disposition des Kosters.

Goethe
beschrieb 1770 seine Erfahrung im Umgang mit Bier so: »Das erstemal schauert man, und hat man's eine Woche getrunken, kann man's nicht mehr lassen.«

H

Halfandhalf
Eine englische Spezialität zur Winterzeit: Ein halbes Glas Porter wird mit Ale aufgefüllt.

Hansen
Emil Christian Hansen wies die verschiedenen Hefesorten wissenschaftlich nach. 1881 vermehrte er sie in Reinzucht.

Hefe
bringt die Bierwürze zur Gärung. Obergärige Hefe setzt sich nach Beendigung des Gärvorganges (warme Gärführung) oben ab, untergärige entsprechend unten.
(Kalte Gärführung)

Helles
Kurzbezeichnung für ein normales Vollbier, das zwischen ein und zwei Monaten gelagert wurde (mindestens 11 Prozent Stammwürze).

Hirsch
Die Bayern nennen ein Holzfaß, das 180 bis 215 Liter Bier aufnimmt, »Hirsch«.

Hopfen
Zweiter natürlicher Rohstoff des Bieres, von dem man sagt, er sei die Seele des Bieres, denn er verleiht ihm sein würzig-herbes Aroma. Hauptanbaugebiete in Bayern und Baden-Württemberg. Hopfen wird gepflückt, getrocknet, bei 0 Grad gelagert und im Sudhaus mit der Bierwürze gekocht – ein Prozeß, von dem die Bierqualität abhängt und der darum besonders sorgfältig überwacht wird.

I

In die Kanne schicken
Studentenspruch, der besagt, daß jemand zum Trinken »verdonnert« wird.

Inhaltsstoffe des Bieres
Kohlenhydrate, Eiweiß, Kohlensäure, Alkohol, verschiedene Mineralstoffe sowie Vitamine und Wasser.

J

Jahresbierverbrauch
Die Deutschen tranken 1988 mit 144 l pro Kopf und Jahr das meiste Bier.
In der EG folgen die Dänen mit 126,5 l. Das Schlußlicht bilden die Italiener mit 22,5 l Bierverbrauch pro Einwohner.

Jungbier
heißt das Bier nach der Hauptgärung. Es wird in Lagertanks noch vier bis sechs Wochen unter Druck gelagert.

K

Kalorien
Bier zählt neben Wasser, Tee und Kaffee zu den kalorienarmen Getränken. Ein helles Bier hat pro Liter ca. 450 Kal., davon entfallen 200 auf den Alkohol (der ohnedies schneller verbrannt wird). Bei einem Durchschnittsbedarf von 2400 Kal. pro Tag deckt eine Flasche Bier mit 0,33 l nur 6 Prozent. Für den Gegenwert eines Tortenstücks mit Schlagsahne sind etwa drei Flaschen Bier (0,5 l) anzusetzen.

Kalte Ente
Berliner Biermischung von Weißbier und einer Viertelflasche Sekt.

Kauzenkrug
Ehemals ein historisches Trinkgefäß des frühen 17. Jahrhunderts. Erfüllt heutzutage eine bedeutende Aufgabe, durstige Kehlen mit einem frischen Kauzenbier zu laben.

Kavalier
Bezeichnung für ein Bierglas, das genau einen Achtelliter faßt, speziell in Hamburg üblich.

Kindken maln Küßchen geben
Westfälischer Spruch, mit dem ein frisches Glas angetrunken wird.

Kleines
Bayerisches Biermaß unter einem halben Liter, unter Biertrinkern eigentlich indiskutabel. Abgeleitet von Quartl, das einst arme Leute tranken, die sich keine tägliche Halbe leisten konnten.

Kölsch
Helles, obergäriges Vollbier mit besonderer Betonung des Hopfencharakters, auf den Kölner Raum beschränkt. Alkoholgehalt etwa 3,7 Prozent.

Kwaß
Russisches bierähnliches Getränk, hergestellt aus Roggen, Brot und Früchten.

L

Lagerbier
Ein helles oder dunkles untergäriges Vollbier aus Gerstenmalz. Schon im 19. Jahrhundert wurden alle Biere so genannt, die gelagert werden können (oder müssen). Heute bezeichnet man speziell in Franken ein kohlensäure- und schaumarmes (ungespundetes) Kellerbier als Lagerbier. Es ist hochvergoren, stark gehopft und gilt – in offenen Eichenfässern gut abgelagert – als eine Spezialität.

Läutern
Nach Beendigung des Maischvorgangs werden die in Wasser gelösten festen Extraktteile im Läuterbottich von den Trebern getrennt.

Linde
Carl von Linde, Erfinder der Kühlmaschine. Durch seine Erfindung wurde Brauen während des ganzen Jahres möglich.

M

Mälzen
ist eine Umwandlung: Weil rohe Gerste nicht zum Brauen geeignet ist, müssen ihre Inhaltsstoffe – vorwiegend Stärke – erst enzymatisch aufgeschlossen und die Gerste zu Braumalz verarbeitet werden. Zuerst werden die sortierten und gut gereinigten Getreidekörner zum Quellen und Keimen gebracht. In der Darre wird die Keimung durch Trocknung gestoppt. Durch die exakte Regulation von Temperatur und Dauer der Darre wird entschieden, ob helles oder dunkles Malz entsteht. Das Mälzen ist abgeschlossen, wenn das Darrmalz entkeimt, gereinigt und geschrotet wird.

Märzen
Ein untergäriges Vollbier, das früher – als es noch keine Kühlaggregate gab und nur im Winter gebraut werden konnte – im März eingebraut wurde. Im März bestand die letzte Möglichkeit, untergärig zu brauen. Ein höherer Alkoholgehalt sollte das Bier vor dem Verderb schützen. Nach den heißen Sommermonaten wurde und wird es noch heute bei Bierfesten (zum Beispiel beim Oktoberfest) ausgeschenkt. Märzenbier ist ein helles oder dunkles Vollbier, mittelstark gehopft, malzaromatisch und mit relativ hoher Stammwürze (Alkoholgehalt bis zu 5,3 Prozent).

Maibock
ist ein kräftig malzbetontes Starkbier, das besonders in München im Mai ausgeschenkt wird. Sein Stammwürzegehalt liegt bei mindestens 16 Prozent.

Maische, Maischen
Gleichbedeutend mit dem Mischen von Malzschrot und Wasser. Maische entsteht also, wenn das Brauwasser mit geschrotetem Malz vermischt wird. Die Maische wird dann in der

Maischpfanne auf etwa 70 Grad erhitzt. Dabei verflüssigen sich die schwerlöslichen Bestandteile des Malzschrotes. Die Enzyme, die sich schon bei der Keimung bilden, werden aktiv: Sie bewirken die Umwandlung der Stärke in Malzzucker und Dextrine.

Malz
Um Gerste und Weizen zum Brauen zu verwenden, werden sie in Braumalz umgewandelt. Die Körner werden zum Keimen gebracht und dann auf der Darre getrocknet.

Malzbier
Ein obergärig gebrautes, braunschwarzes Bier, bei dem die siebenprozentige Malzwürze durch Zucker, der karamelisiert sein kann, auf einen Extraktanteil von 12 bis 13 Prozent gebracht wird. Der Alkoholgehalt liegt bei 1 Prozent. Darf in Bayern und Baden-Württemberg nur als »Malztrunk« bezeichnet werden.

Malzschrot
Das Malz wird in der Schrotmühle zerquetscht, um dann eingemaischt zu werden.

Maßkrug
faßt, je nach Anlaß, ½ Liter, 1 Liter oder auch 5 Liter; vom Fachmann als »Stein« bezeichnet. Gängigste Form ist die ½-Liter-Maß, bei Volks- und Bierfesten dominiert »der Liter«.

Mindesthaltbarkeitsdatum
Das Mindesthaltbarkeitsdatum eines Lebensmittels ist das Datum, bis zu dem dieses Lebensmittel unter angemessenen Aufbewahrungsbedingungen seine spezifischen Eigenschaften behält. Der Begriff »angemessen« bestimmt sich nach den jeweils angegebenen Aufbewahrungsbedingungen.
Das Mindesthaltbarkeitsdatum ist kein Verfalldatum – kein letztes Verzehr- oder letztes Verkaufsdatum. Das Bier kann auch nach Ablauf des Mindesthaltbarkeitsdatums noch einwandfrei sein und nach sachgerechter Überprüfung und Kenntlichmachung verkauft werden. Denn schon der Begriff Mindesthaltbarkeitsdatum besagt, daß das Bier nach dem angegebenen Datum weder wertgemindert noch zum Verzehr ungeeignet ist.

Molle
Ursprünglich Mulde oder Bett (= Backtrog) der Bäcker. Dann Bezeichnung für das bauchige, trogartige Berliner Weißbierglas, später

Bezeichnung für ein Glas Bier generell, überwiegend in Berlin und Norddeutschland gebräuchlich.

Münchener
Diese ehemalige Münchener Standardsorte (bis etwa 1930) ist eigentlich ein dunkles, malzbetontes, untergäriges Vollbier, das inzwischen vom hellen Bier verdrängt wurde. Das erklärt, warum der Münchener Biertrinker heute noch immer nachdrücklich ein »Helles« bestellt.

N

Nachgärung
In Lagertanks gärt das Jungbier unter Druck nach und reift, dabei reichert es sich gleichzeitig mit Kohlensäure an. Das Bier klärt sich durch Sedimentation der Hefe.

Nachtwächter
Bierrest in Glas oder Flasche, den niemand mehr mag: »Wird so müde wie ein Nachtwächter ...«.

Nagelprobe
Ein Becher muß so ausgetrunken werden, daß nach dem Umkehren nicht mehr Flüssigkeit übrigbleibt, als der Daumennagel fassen kann. Geht auf die einst hölzernen Trinkbecher zurück, in die in bestimmten Abständen Nägel eingeschlagen waren. Es galt als strafbar, den Becher über ein bestimmtes Nagelzeichen hinaus zu leeren.

O

Obergärig
Biere, die mit obergäriger Hefe hergestellt sind (Alt, Kölsch, bayerisches Weiß- oder Weizenbier, Süßbier, Berliner Weiße).

P

Pils
Ein helles, lichtes Bier mit fein ausgeprägter Hopfenbittere und sahnigem Schaum von besonderer Haltbarkeit. Hopfenreichtum fördert rasches Ausscheiden der Flüssigkeit aus dem Körper. Liegt in der Gunst der Biertrinker auf Platz eins.

Pilsen
Stadt in Böhmen. Hier wurde der berühmteste Biertyp der Welt geboren.

Pilsener
ist der wohl berühmteste Biertyp der Welt, der 1842 im böhmischen Pilsen entstand. Besonders ideal für dieses leichte, helle, betont hopfenbittere Bier war das weiche Pilsener Wasser. Pilsener kam rasch in Mode und wurde ab 1900 in ziemlich jeder größeren Brauerei gebraut. Den Namen Pilsener durften die Böhmen allerdings nicht für sich allein behalten. Per Gerichtsbeschluß wurde entschieden: Pils ist eine Sorte, aber keine Herkunftsbezeichnung.

R

Radlermaß
Ein weit verbreitetes und populäres Mixgetränk an heißen Sommertagen: Helles Bier und Limonade werden im Verhältnis von etwa 50:50 gemischt. Besonders Autofahrer schätzen dieses alkoholarme Getränk zur erfolgreichen Durstabwehr.

Rauchbier
ist eine Spezialität aus dem oberfränkischen Bereich. Der Name geht jedoch auf eine frühere Notlösung zurück: Schien nicht genügend Sonne, um das Malz zu darren, so half der Brauer mit einem Holzfeuer nach. Dabei wurde das Malz vom Aroma des Rauchs durchzogen. Rauchbier wird heute in kleineren Brauereien hergestellt, hat mit 13,5 Prozent auffallend viel Stammwürze und ca. 4,5 bis 5,0 Prozent Alkohol.

Reinheitsgebot
Älteste lebensmittelrechtliche Bestimmung der Welt, die unverändert bis zum heutigen Tag in der Bundesrepublik Gültigkeit hat. Das Reinheitsgebot wurde im Jahr 1516 von Herzog Wilhelm IV. von Bayern erlassen. Darin wurde festgelegt, daß zu der Herstellung des Bieres ausschließlich Gerste, Hopfen und Wasser verwendet werden dürfen. Hinzu kam erst später lediglich Hefe – ein Rohstoff, den man noch nicht kannte, als das Reinheitsgebot für Bier erlassen wurde. Zu jener Zeit verließ man sich noch auf die Hefen, die in der Luft enthalten waren. Das Reinheitsgebot von 1516 – zunächst besonders streng in Bayern und Baden-Württemberg gehandhabt – gilt seit 1906 auch für alle übrigen Länder des heutigen Bundesgebietes.
(Siehe auch: Zusatzmittel)

S

Salamander
Alte studentische Trinksitte, die als Ehrenbezeigung verstanden werden will. Dabei werden die Biergläser auf dem Tisch »gerieben«.

Schankbiere
Es handelt sich nach dem Biersteuergesetz um ein Bier mit einem Stammwürzegehalt von 7 bis 8 Prozent.
Daraus resultieren dann Biere mit einem Alkoholgehalt von 2,3 bis 2,8 Prozent.

Schaummaßgesetz
geht auf Forderungen des 1910 gegründeten Vereins »zur Bekämpfung schlechten Einschenkens« zurück. Beanstandet wurde schon damals die »Drei-Quartel-Maß«, die statt einem Liter nur ¾ Liter und den restlichen ¼ Liter Schaum enthielt.

Stammwürzegehalt
wird in Prozenten gemessen und entspricht dem Extrakt der Bierwürze. Die aus der Brau-

würze gelösten und vergärbaren Stoffe sind hauptsächlich Malzzucker, Eiweiß, Aroma- und Mineralstoffe sowie Vitamine. Der Gehalt an Stammwürze wird genau kontrolliert, denn er ist unter anderem wichtig für den späteren Alkoholgehalt des Bieres. Der Stammwürzegehalt darf jedoch nicht mit dem Alkoholgehalt des Bieres verwechselt werden! Bierwürze bestimmt Geschmack, Gehalt und Kraft des Bieres. Alkohol wird hingegen nur aus einem Drittel der Stammwürze vergoren. Zum Vergleich: Exportbier hat an Stammwürze etwa 12,5 Prozent, Märzenbier 14 Prozent, Doppelbock mindestens 18 Prozent. Für den Alkoholgehalt kann die Stammwürze immer nur nach einer »Über-den-Daumen-Methode« herhalten: Etwa ⅓ bis ¼ der Stammwürze ist danach Alkohol!

Stange Bier
Glasmaß, wie es bei den Biertrinkern in der Schweiz und im Rheinland üblich ist.

Stehhalbe
Begriffliche Umschreibung, wie man schnell im Stehen eine Halbe Bier trinken kann.

Steinpilskur
Ein Brauch, der aus Westfalen stammt und unter echten Biertrinkern umstritten, wenn nicht verpönt ist: Pils und Steinhäger werden im ständigen Wechsel getrunken.

Stiefel
Oft schon totgesagt, hat sich dieses altertümliche Bierglas in Stiefelform bis heute erhalten. Das Fassungsvermögen liegt allgemein bei 2 Liter, kommt aber auch größer vor. Stiefeltrinken in fröhlicher Runde erfordert Geschicklichkeit: Die in die Spitze eindringende Luft darf nicht das Bier herausschwappen.

Sudhaus, Sudgerät, Sudwerk
Man unterscheidet Zwei-, Vier-, Sechs- und Mehr-Geräte-Sudwerke. Beim Zwei-Geräte-Sudwerk (= einfaches Sudwerk) sind Maische- und Läuterbottich in einem Gefäß vereinigt; im zweiten Gefäß die Maische- und Würzepfanne. Im ersten Gefäß wird der Maischebottich nicht nur zum Mischen der gekochten Maischen mit den nicht gekochten Anteilen verwendet, sondern auch zum Abläutern der Gesamtmaische. Analog dazu dient die Würzepfanne sowohl zum Kochen der Maische wie auch zum Kochen der Würze mit Hopfen. Das Vier-Geräte-Sudwerk besteht aus Maischebottich, Maischepfanne, Läuterbottich und Würzepfanne.

T

Treber
Malzrückstände (Spelzen), die nach Abfließen der Würze im Läuterbottich verbleiben. Werden als Futter in der Viehhaltung verwendet.

U

Untergärig
Biere, die mit untergäriger Hefe hergestellt sind (Pils, Export, Bock, Doppelbock, Hell, Märzen, Lager).

V

Versuchs- und Lehranstalt für Brauerei (VLB) Berlin
Zusammen mit Weihenstephan bedeutendste Ausbildungsstätte für das Brauwesen.

Vollbier
Biergattung mit einem Stammwürzegehalt zwischen 11 und 14 Prozent. 97,5 Prozent aller deutschen Biere sind Vollbiere (1988).

W

Weihenstephan
gehört zur an der Isar gelegenen Kreisstadt Freising in Oberbayern (Bistum seit 724). Die ehemalige Benediktinerabtei Weihenstephan beherbergt die älteste, noch existierende Brauerei der Welt. In Weihenstephan befindet sich außerdem die renommierte Fakultät für Brauwesen an der Technischen Universität München.

Weißbier
Auch als Weizenbier bekannt, hat Gerste und Weizen als Ur-Rohstoff, einen hohen Kohlensäuregehalt und dadurch eine kräftige Schaumbildung. Weißbiere verlangen beim Einschenken eine ruhige, geübte Hand, denn sie sind dem Temperament des Sektes verwandt. Daher auch die erfrischende Wirkung und Anregung als »Anti-Kater-Mittel«.

Weizenbier
ist, anders als die Berliner Weiße, eindeutig ein Vollbier. Es ist zwar ebenfalls obergärig, hat jedoch eine Stammwürze bis zu 14 Prozent. Gebraut wird es mit mindestens einem Drittel Weizenmalz. Inzwischen gibt es beim »Weizen« zahlreiche Varianten: Naturtrübes Hefeweizen, Kristallweizen, dunkles Weizen. Auch untergärige Weizenbiere wurden entwikkelt (Lager-Weizen) und Starkbiertypen wie heute so bekannte Spezialitäten Weizenbock und Doppelbock-Weizen.

Würze
Die aus dem Malz herausgewaschenen löslichen Bestandteile werden zusammen mit dem Hopfen in der Würzepfanne gekocht. Damit wird Keimfreiheit erzielt und durch Einkochen der vorgesehene Stammwürzegehalt erreicht.

Z

Zusatzmittel
sind alle die Stoffe, die nach dem Reinheitsgebot *nicht* in den Bieren verwendet werden dürfen, die in der Bundesrepublik gebraut werden. Im Ausland hergestellte Biere lassen sich von den nach dem Reinheitsgebot gebrauten Bieren durch folgende Substanzen unterscheiden:

a) Malzersatzstoffe
Häufig werden – anstelle von Gerstenmalz – andere Getreidearten und/oder Teile sogenannter Rohfrucht (30 bis 40 Prozent) zugesetzt. Als Rohfrucht gelten Rohgerste und die unvermälzten Anteile von Mais, Reis, Hirse, Hafer. Stärke und Zucker können Zumaischstoffe sein. Bei Zugabe größerer Mengen Rohfrucht fehlen Enzyme, die beim Mälzen gebildet werden und die für ein gutes Bier wichtig sind. Sie müssen folglich zugesetzt werden.

b) Hefegärung
Als zusätzliche Energieträger für die Hefegärung werden Sulfate und Ammoniumsalze eingesetzt.

c) Farbstoffe
Um die Farbe des Bieres aufzubessern, dürfen als Farbstoffe Tartrazin, Green S und Zuckercouleur eingesetzt werden.

d) Konservierungsstoffe
Da Rohfruchtbiere schneller dem Verderb unterliegen, werden Konservierungsstoffe und Antioxydantien erforderlich. Dazu werden

schwefelhaltige Säuren (SO_2), Benzoesäure und PHB-Ester verwendet.

e) Schaumstabilisatoren
Als Schaumstabilisatoren kommen Alginate, Eisensulfat und andere Mittel zum Einsatz.
Ausländische Anbieter müssen Beigaben von Rohfrucht und alle anderen chemischen Zusätze auf Flaschen und Dosen deklarieren.

Zwickelbier
lautet die Bezeichnung für ein hefetrübes, naturbelassenes Bier. Ursprünglich wurde das noch unfiltrierte Probebier über einen Zwickel – das ist ein Probierhahn – aus dem Faß genommen. Naturbelassene Biere werden immer beliebter. Das hat jedoch nichts mit der irreführenden und unlogischen »Wortschöpfung« »Bio-Bier« zu tun.

Bier und Gesundheit

Wenn man sich diesem Thema zuwendet, sollte man erst Mediziner (und dann den Brauer) zu Wort kommen lassen. Zumal das Bier auch und gerade im medizinischen Bereich auf große und internationale Beachtung gestoßen ist. So hat die amerikanische Yale-Universität ein nahezu alltägliches Phänomen auch wissenschaftlich untermauert.
Umfangreiche Untersuchungen bestätigten nämlich, daß sich mit Bier der tägliche (und schädliche) Streß buchstäblich »hinunterspü-

len« läßt! Die an der Yale-Universität angelegten Versuchsreihen bewiesen: 13 Prozent der inneren Unruhe und Aggression werden bereits nach einer halben, langsam getrunkenen Flasche Bier abgebaut. Und nach zwei Flaschen Bier erhöht sich die Rate auf beachtliche 37 Prozent!

Wissenschaftlich betrachtet, enthält Bier zunächst einmal (neben Alkohol) um 4 Prozent Kohlenhydrate und 0,6 Prozent Eiweißstoffe. Und daraus errechnen sich Energien, sprich Kalorien. Hier einige Vergleichswerte:

¼ Liter Kölsch	430 kj	(102 kcal)
¼ Liter Pils	450 kj	(108 kcal)
¼ Liter Export	480 kj	(115 kcal)
¼ Liter Weißwein	755 kj	(180 kcal)
¼ Liter Burgunder	840 kj	(200 kcal)
¼ Liter Orangensaft	500 kj	(120 kcal)
2 Tassen Kaffee mit Milch und Zucker ca.	420 kj	(100 kcal)

Aus diesen Werten läßt sich ersehen, daß Bier ein vergleichsweise kalorienarmes Getränk ist. Außerdem aber, und das ist selbst bei Biertrinkern nicht sehr weit verbreitet, enthält Bier Vitamin B_2, Nikotinsäure und Mineralstoffe, wie Natrium, Kalium und Phosphor, sowie die Extraktstoffe des Hopfens. Sollte Bier beim Menschen auch eine Wirkung hinsichtlich der im Hopfen nachgewiesenen Hormone zeigen, so müßte der Mensch pro Tag allerdings mindestens zehn Liter trinken.

Eine Flasche pro Tag verordnen Ärzte mit großer Erfahrung den Patienten, die länger krank und dabei auch oft bettlägerig sind. Sofern der Arzt im Einzelfall nicht ein ausdrückliches Alkoholverbot verhängt, profitiert jeder Kranke von den unbestreitbaren Vorteilen des Bieres: Es bietet einige Nährwerte, steigert das Wohlbefinden, ist dabei leicht zu schlukken, gut verdaulich, wirkt appetitanregend, regt das Herz an, ohne aufzuregen, fördert die Durchblutung der Nieren und sorgt, am Abend getrunken, für eine angenehme Nachtruhe! So ist auch erklärlich, warum Bier, das praktisch kein Kochsalz enthält, bei Nierenerkrankungen (besonders bei Nierensteinen) zur Diät gehört. Es dient der Gewebeentwässerung und der Kochsalzausscheidung, steigert gleichzeitig jedoch die Diurese (Harnausscheidung).

Auch die Sportmedizin schätzt das Bier. Schon vor Jahrzehnten stellte in Paris Professor Gulpin fest, daß Bier die Lungenventilation steigert und die Aufnahme von Sauerstoff beschleunigt.

Der Bonner Urologe Dr. Bastian empfiehlt Bier zum Flüssigkeitsausgleich nach Dauerleistungen, wie beispielsweise Marathon- oder Skilanglauf. In Italien testeten zwei Sportmediziner einen Monat hindurch 40 Testsportler im Vergleich zu Nicht-Biertrinkern. Bei sonst gleicher Leistungsstufe zeigten erstere mehr Ausdauer, bessere Konzentration und schnellere Reaktionen. Bier sei darum besonders denen empfohlen, die sich dem Jogging verschrieben haben.

Sogar *Senioren* ist Bier aus medizinischer Sicht zu empfehlen, weil Bier der Auszehrung des alternden Körpers entgegenwirkt und u.a. auch die nachlassende Produktion der Magensäure anregt. Psychologisch, so wurde in den USA und in Irland festgestellt, regt Bier die Aktivität älterer Menschen an, die sich beispielsweise bei einem Bier mit Freunden und Bekannten treffen und so dem normalen Leben enger verbunden bleiben.

Noch nicht sehr alt (und bekannt) ist das wohl aufsehenerregendste medizinische Ergebnis bezüglich Bier: Danach steht fest, daß Biertrinker, die täglich ein bis maximal drei Gläser Bier trinken, weitaus seltener mit einem Herzinfarkt rechnen müssen, als der strikte Alkohol- und Biergegner rechnen muß ...

Natürlich enthält Bier als alkoholisches Getränk auch Alkohol. Insoweit ist die Frage berechtigt, ob Bier wirklich so gesund ist. Alkohol ist immerhin das älteste »Genußgift« auf der Welt, denn Tabak, Kaffee und Tee wurden erst erheblich später als Genußmittel entdeckt.

Was den Alkoholgehalt anbetrifft, so hat, wie aus dem Kapitel über die Einteilung der Biere bekannt, der Gerstensaft im Vergleich zu anderen Getränken einen sehr niedrigen Alkoholgehalt. Zur Erinnerung: Bei Vollbier im Durchschnitt zwischen 4 und 4,5 Prozent.

Wer seine Leber liebt, nimmt pro Tag nicht mehr als 80 Gramm Alkohol zu sich. Ein Liter Vollbier (= zwei Flaschen) enthält mit 30 bis 40 Gramm Alkohol gerade die Hälfte des Erlaubten. Hinzu kommt, daß Bieralkohol bekömmlicher ist als der hochkonzentrierte Alkohol. Das ist einmal auf die Nährstoffe im Bier zurückzuführen. Zum anderen enthält Bieralkohol nur wenige der alkoholischen Begleitstoffe, die sogenannten Fuselöle, die beispielsweise die Verträglichkeit von Alkohol hemmen (und für den Kater verantwortlich sind).

Die Gruppe der Menschen, die nicht oder nur zurückhaltend zum Bier greifen, ist auffallend klein. Natürlich hat der alkoholempfindliche Mensch den Alkoholgehalt zu beachten. Darum ist Bier auch nichts für Kinder. Der Zuckerkranke hat den Gehalt an Kohlehydraten zu beachten und sollte darum unbedingt ein speziell für Diabetiker geeignetes Diätbier mit entsprechend niedrigen Kohlehydrateinheiten bevorzugen. Der Magenempfindliche muß sich vor zu kaltem Bier, hervorgerufen durch die übliche starke oder übertriebene Kühlung, schützen.

Bringt man das Bier mit der Gesundheit des Menschen in Verbindung, dann aber gilt für alle und ausnahmslos das Gebot, das leider so oft verdrängt, übersehen und mißachtet wird: Bier soll in Maßen genossen werden, denn nur dann ist es ein Genuß. Und genau dafür wird das Bier auch gebraut!

Der Kauzen – ein Symbol für Tradition und Lebensfreude

Die Frage, wer zuerst da war – der Kauzen oder die Kauzenbücher –, ist in diesem Fall leicht zu beantworten. Zwar stammt der erste Eintrag im Kauzenbuch aus dem Jahre 1611. Doch es wäre nicht denkbar gewesen, wenn nicht der Trunk aus dem Kauzenkrug die notwendigen geistigen Voraussetzungen geschaffen hätte.

Die Kauzenbücher blieben bis in die Gegenwart erhalten und stellen so ein unersetzliches Dokument aus jenen Zeiten dar, von denen sonst meist nur alte Mauern, einige Denkmäler und Grabstätten sowie Legenden und Erzählungen künden. Der Krug, bekannt als der »Ochsenfurter Kauz«, ist hingegen seit 1802 verschwunden. Geblieben sind von ihm die Geschichten, die Trinksprüche und die wahrhaft kauzigen Begebenheiten, die sich mit ihm verbinden. Daß sie uns zugänglich blieben, verdanken wir den Kauzenbüchern. Sie nehmen heute als ein Zeugnis unterfränkischer Literatur und Historie einen hervorragenden Platz ein.

Zu verdanken ist dies schließlich auch dem Stifter des Kauzenbuches, dem Würzburger Domkapitular Konrad Ludwig von Zobel. Er sorgte dafür, daß sich aus den Eintragungen viele humorvolle Einzelheiten über Ort, Zeit und Art der fröhlichen Zecherei wie auch das Fassungsvermögen der Gäste entnehmen lassen. Seit 1950 sind die Kauzenbücher in der Kelterhalle des Mainfränkischen Museums zu Würzburg ausgestellt.

Jener erste Eintrag aus dem Jahr 1611 besteht aus einem handschriftlichen Verzeichnis der 17 Gäste, die beim Aufzug des Herbstherren Konrad Ludwig von Zobel anwesend waren. Ein Jahr später, am 9. Juli anno 1612, übernachtete Kaiser Matthias in Ochsenfurt und trug sich (nach erfolgter Stärkung durch den Kauzen) in das Buch ein. Erst danach beschloß man, »daß hierfür ein jeder, der den Kauzen ausgetrunken, nachdem er demselben Genüge getan, seinen Namen selbst in dieses Büchlein schreiben soll«.

Als ich hatt getrunken
den kauzes aus,
war es zeit,
daß ich mich packte
zur dür hinaus.
Johan Georg Specht von Bubenheim
26. 10. 1659

Aus den einzelnen Eintragungen geht nicht immer hervor, ob in Gesellschaft getrunken wurde, ob der Kauzen nur dem jeweiligen Ehrengast vorgesetzt und ob diesem dann auch das Kauzenbuch gereicht wurde. Allerdings wird im Laufe der Jahre aus den Eintragungen einiges über die Art des Kauzen-Trunkes bekannt.
Man trinkt aus dem Bauch oder dem Kopf des goldglänzenden Gefäßes. Dem ahnungslosen Gast wird klargemacht, es sei in Ochsenfurt Brauch, beim ersten Mal beide Teile des Pokales zu leeren.

Als ich trunken diesen kauzen aus,
bekam ich zwar einen guten rausch,
doch thut ichs schuldigermasen und gern,
weil dabei waren solche herrn,
welche mir unt den meinigen
erwiesen viel gnod.
Darvor ich oblikiert bin bis in mein tod.
Johann Conrad Baur von Ayseneck
16. 10. 1647

Die Kauzentrinker legen besonderen Wert darauf, daß vermerkt wird, *welchen* Teil des Pokales sie geleert haben. Dieser Wunsch wird besonders dann verständlich, wenn es beide Teile waren, die immer »bis auf den Schwanz«, also bis auf den Grund, ausgetrunken werden mußten!

Dem 20. octobris 1655 hab
ich unterschribener
den kauzen sambt der quittanz
ausgedrunken.

Bezeugt meine handschrift.
J. Flech

Solche durchaus anerkennenswerten Leistungen waren indessen nicht von allen Zechern zu bewerkstelligen. Am 5. Mai eines nicht überlieferten Jahres vermerkte darum der Auditor Dr. Derzer, »als ihr hochwürdige gnaden herr von Wildberg und herr obrister von Stockheim die musterung gethan«:

Wan du, o kauz,
zu mir anfenglich werst kommen,
so hett wahrhaftig dich
uf einmahl eingenommen.
Weil aber du so spat zu mir
herangetrungen,
so habe dich dannoch
uf viermahl ganz erzwungen.

Ohne Folgen blieben solche fröhlichen, aber ausgedehnten Zechereien freilich nicht. Der Hauptmann Hannß Erhardt Christoff von Guttenberg beklagt darum:

Ich hab so lang aus dem kauzen
getrunken,
bis ich ... von dem stul gesunken.

Gelegentlich bedarf es auch buchstäblich »umfassender« Fürsorge, um den Zecher wohlbehalten vom Ort der Handlung ins heimische Domizil zu bringen:

Ich Johann Barthel Schneider
trunke den ganzen kauzen
mit appetit aus,
das mir die gurgel ...

Dies testiert den 29. octobris 1702
J. B. Schneider,
Wurtzburgischer virtelmeister
und ober- ...

N. B. Wobei zu merken,
daß derselbe von 7 starken
kalterknechten
nach haus getragen worden
und das fuchsschiessen nit gemangelt hat.

Über das Fassungsvermögen des Gefäßes ist zu erfahren, daß es »... bei 3 Halbmaaß« faßt; auch von »3 Litern« wird berichtet. Jedenfalls war das Quantum so groß, daß es weniger standfeste Zecher nach dem Trunk zu Boden sinken ließ, noch bevor der Eintrag in das Kauzenbuch vorgenommen werden konnte! So beschränkt sich auch manche Handschrift auf die unumgänglichen Tatsachen:

Auf des keisers gesunthait
an diesem tag den kauz
ganz voll hat ausgetrunken –
der schultheis von Hopfferstadt
hat ziemlich getrunken und
der herr burgermeister
war schir ganz versunken ...

Im Jahr 1724 trug sich Georg Heinrich Romeisen in das Kauzenbuch ein. Er prägte damals in der Urform das spätere Motto des Ochsenfurter Kauzen von »Hopfen, Malz und Lebensfreude« mit den Worten:

O kauz,
ich bin voll freudt,
Das ich dich hab getrunken
ohne herzeleid,
mache,
das ich übers Jahr widerkomb
und von dir trinke
gesund den willkomb ...

In Ochsenfurt war es, wie die Eintragungen im Kauzenbuch belegen, einst ein besonderer Brauch, den Ehrengast mit einem entsprechenden Ehrentrunk angemessen zu begrüßen. Wollte der Gast den Gastgeber nicht kränken, fiel folglich der »Begrüßungs-Schluck« durchaus nicht kleinlich aus.
Bis in unsere Zeit haben sich Forscher und Historiker mit den originell geformten Eulengefäßen und ihrer Entwicklungsgeschichte beschäftigt. Doch es sind viele Fragen offengeblieben. Der Ochsenfurter Kauzen, soviel ist sicher, war zu seiner Zeit kein Einzelstück. Man unterscheidet zwei Gruppen: Die von Goldschmieden montierten Edelmetallgefäße sowie die starkwandigen Eulengefäße, die aus Keramik geformt sind.
Kauzenkrüge, die über die Jahrhunderte hinweg erhalten blieben, kann man heute in den Museen von Amsterdam, London, Zürich, Budapest, Leningrad, Lissabon, Bern und Vaduz besichtigen. Überall sind die Krüge, bis auf wenige Ausnahmen, Trinkgefäße. Einige sind nur innen vergoldet, andere (wie der verschwundene Ochsenfurter Kauzen) sind vergoldete Silberpokale, die einen eingesetzten Becher haben.
Im 16. Jahrhundert entstandene feinere Töpferwaren wurden als Fayence-Eulen bekannt. Sie wurden mit dem Reichswappen oder dem Wappen eines Kurfürsten verziert. Die Forschung nimmt darum an, daß Kauzenkrüge als besondere Auszeichnung für verdiente und dem Hof nahestehende Persönlichkeiten vergeben wurden. Verschiedene Inschriften lassen den Schluß zu, daß Kauzenkrüge außerdem als Zeichen und Gabe der Freundschaft an ihre Erstbesitzer übergeben wurden.
Ein Eulenpokal ist sogar Schloßherr geworden: Er residiert im Berliner Schloß Charlottenburg. Die Fayencearbeit aus der Mitte des 16. Jahrhunderts wird dort im Kunstgewerbemuseum der Stiftung Preußischer Kulturbesitz gezeigt.
War es schon früher müßig, darüber zu streiten, ob der prachtvolle Eulenkrug nun für den Wein oder für den Gerstensaft bestimmt war, so bleibt auch heute nur die Feststellung:
Der Kauzenkrug ist wahrhaftig geeignet für beides!
Daß er sich freilich stärker am Kauzen-Bier

orientierte und mit ihm populär wurde, liegt in der Natur der Sache. Mit dem neugeschaffenen und vorbildgetreuen Kauzenkrug ist nämlich auch das »Kauzentrinken« als Form moderner Gastlichkeit wieder aufgelebt. Diese Verbindung von Tradition und Moderne ist kein Widerspruch. Im Gegenteil: Ob zu Hause oder in der Gaststätte – der Kauzenkrug ist (wohl auch durch sein Fassungsvermögen) recht dazu geeignet, Mittelpunkt einer frohen und geselligen Runde zu sein.

Das beweisen nicht zuletzt die vielen lustigen, aber auch besinnlichen Kauzen-Sprüche, die als eine Art lebendige Chronik mit diesem originellen Trinkgefäß verbunden sind.
Seitdem der Kauzenkrug der Neuzeit aus der Taufe gehoben wurde, hat er weit über 75 000 Liebhaber und Kenner gefunden (Stand: Frühsommer 1989). Mit seiner Verbreitung (auch als Gastgeschenk, Mitbringsel und markantes Souvenir aus dem Frankenland) belebte sich im In- und Ausland der alte Brauch, einen Kauzen zu leeren. Wie dies »kauzengerecht« zu tun sei, dachten sich schon sehr frühzeitig die Kauzen-Freunde unter dem Motto

»Mit tief'rem Sinn und voll Bezug –
so sagt man's mit dem Kauzenkrug«

als eine Art »Anleitung für Genießer, Kenner und Könner« aus. Es ist gewissermaßen eine »Gebrauchsanleitung« im Umgang mit dem Kauzen, aber auch ein gutes Stück Lebensfreude. Diese Anleitung ist allgemein verständlich und unkompliziert nach dem Motto: »Probieren Sie's aus!«

Die Grundstellung. Der Kauzenkrug ist zwar absolut unpolitisch, hat aber gleichwohl oder gerade darum Charakter und ist außerdem als Souvenir beliebt (und begehrt). Folglich steht er niemals rechts oder links vom Kauzen-Kenner – sondern unmittelbar vor ihm. Das er-

leichtert die unauffällige Kontrolle des Inhaltes und schützt vor dem Zugriff kurzentschlossener Andenkenjäger. Will der Zecher schweigen und den Kauzen konzentriert genießen, so richtet er die Kauzenaugen auf sich. Der Zecher signalisiert: Ich will meine »bayerische Ruah«, er will (oder muß) nachdenken, schon bloßes Ansprechen wäre in diesem Fall eine Störung.
Weniger verinnerlichte Naturen richten die Augen des Kauzen in die entgegengesetzte Richtung – in den Raum hinein. So wird dem Kenner deutlich: Hier ist gesucht und erwünscht, was der Mensch beim Bier braucht – eine »Ansprach«.

Abweichende Grundstellung. Verliebte, Verlobte und unzerstrittene Ehepaare können gemeinsam einen Kauzen trinken. Der Krug steht dann auf der gedachten Mittellinie zwischen Dame und Herrn. Dabei sind die Augen auf den gerichtet, der entscheidet und bestimmt, wann und vor allem wie oft nachgefüllt werden darf! Wichtig für kundige Gastgeber: Die Blickrichtung der Augen darf im Verlaufe des Abends (Tages/Besuches/Umtrunkes) jedoch wechseln und zwar mehrmals!

Der Antrunk. Der Kauzen steht zunächst in der Grundstellung »Ruhe« mit den Augen zum Kauzen-Genießer. Der erfaßt den Krug mit der rechten Hand an der untersten Schmalstelle. Der Daumen liegt dabei quer über den Krallen: Der Kauz wird so »gebändigt«. Die anderen vier Finger liegen übereinander, von der Rückseite des Kruges abgespreizt. Der kleine Finger darf den Krug unten nicht abstützen! (Linkshänder verfahren sinngemäß mit der linken Hand, der Kauzen ist da sehr für individuelle Handhabung). Der Kauzen-Kenner hebt den Krug an, sieht dem Kauzen kurz in die Augen – und trinkt. Danach wird der Krug in die (gewünschte) Grundstellung zurückgeführt.

Der Kontakt-Kauz. Dreht man die Augen des Kauzen in Richtung Nebenfrau, Nebenmann oder Gegenüber, so drückt das Sympathie aus: Nähere Bekanntschaft oder/und Gespräch erwünscht! Dazu kommt es aber erst nach entsprechender Antwort. Der so Angesprochene richtet zwecks Kontaktbestätigung die Augen seines Kauzen auf den Kontakt-Kauz – und los geht's ...

Das Kauzen-Lob. Wird in einer Kauzen-Runde ein guter Witz, ein kluger Einfall oder sonst etwas »Gscheites« erzählt, ergeht die Aufforderung: Zur Mitte! Alle Kauzen-Krüge werden mit ausgestreckter Hand zum Mittelpunkt des Tisches gebracht. Dann erfolgt als Ruf: Hoch! Die Augen des Kauzen werden in Richtung auf den zu ehrenden Zecher gedreht, dann nach Nachahmung der lieblichen Stimme des Kauzen (»hu-hu-hu«) die Krüge geleert. Wenn zu nächtlicher Stunde ein sol-

cher Kauzen-Ruf auf die Straße dringt, dann weiß man, wo eine fröhliche Runde gerade beim Kauzen zusammensitzt.

Der Begrüßungs-Kauz. Eigentlich ist es die Urform »einen Kauzen zu trinken«. So war es früher: Der geschätzte Gast wurde mit einem Willkommenstrunk begrüßt.
Zur Familienfeier, zur Party oder im Freundeskreis hat der Kauzenkrug heute längst wieder seinen festen Platz als Symbol der Gastlichkeit. Bei der Ankunft des Gastes entbietet der Gastgeber den gefüllten Kauzen mit der – vom Herzen kommenden – linken Hand. Die Augen des Kauzen schauen dabei den Gast an, dem dann mit den Worten

»Willkommen im Haus –
den Kauzen trink aus!«

der Trunk im Kruge (»Willkommbecher«) kredenzt wird.

Die Kauzen-Nachfüllung. Das ist ein schwieriges Thema – und dies nicht nur für den schüchternen Gast. Auch Gastgeber sind zuweilen ganz dankbar, wenn sie nicht pausenlos, aber mit nur mäßigem Erfolg um ihre Gäste bemüht sein müssen. »Darf's noch ein Schluck sein?« Es darf. Mutige Naturen stellen den geleerten Krug einfach auf den Kopf, aber nur, wenn man den Krug bis zur »Nagelprobe« leergetrunken hat. Man kann aber auch »einen Kauzen legen« – nämlich in die waagrechte Lage bringen (und möglichst gegen ein plötzliches Abrollen auf den Fußboden sichern). Beide Möglichkeiten gelten als dezente und stilgerechte Information des Gastes, daß eine Nachfüllung erwünscht, ja willkommen ist.
Heute wie einst und ehedem hat es mit der beruhigenden Weisheit seine Richtigkeit: »Wo Krüge sind, da ist auch Bier!« Allein, es wäre falsch, nur das Bier habe auch früher den wappengeschmückten Pokal im Ochsenfurter Rathaus gefüllt. Ebenso falsch ist es, in ihm ausschließlich ein Weingefäß zu sehen, wie es immer wieder geschieht. In Wirklichkeit ist der Kauzenkrug ein überaus sympathisches, frühes Beispiel für ein friedliches Nebeneinander: Koexistenz – sagt man heute dazu. In der Tat verbirgt sich hinter dem Ochsenfurter Kauzen wohl der Welt einzige Doppelbegabung, Weinpokal und Bierkrug in einem zu sein.
So war es denn auch kein Bruch mit der Tra-

Drum-Kauzen-Freunde fröhlich-Prost!

Kam einst der Gast hierher zum Main
und hatt' vom Straßenstaub genug-
schenkt' zum Willkommen man ihm ein
und reichte ihm den Kauzen-Krug

Zugleich ist's dereinst Brauch gewesen,
daß man den Krug gefüllet hat-
(im Kauzen-Buch ist's nachzulesen)
manch' bravem Bürger dieser Stadt!

Der Kauzen wurde zum Symbol
für Gastlichkeit - und hohe Ehren,
dem Gast und Ochsenfurt zum Wohl
gab's Grund genug, den Kauz zu leeren!

So war es vor dreihundert Jahren -
dann herrschten Krieg und Raub und Mord.
Und - stürmisch, wie die Zeiten waren, -
war auch der Kauzen plötzlich fort!

Seit Anno Achtzehnhundertsechs
hat man ihn als Verlust gebucht -
nun wurd' er neu geschaffen - zwecks
der Gastlichkeit, die jeder sucht!

Denn: Dieses ist uns stets geblieben -
Des Menschen Durst! Und das Gespür
wie Hast und Alltag schnell vertrieben
bei einem edlen Kauzen-Bier!

Heut' kreist der Kauz in froher Runde,
verbindet, labt - ist Seelentrost -
dem Glücklichen schlägt keine Stunde,
drum Kauzen-Freunde-fröhlich-Prost!

dition, im Geschichtsbuch des Kauzen ein weiteres Kapitel aufzuschlagen! Der Erfolg des Kruges schuf die Voraussetzung dafür, dem Solisten einen Chor der Lebensfreude beizugesellen – das Kauzennest war geboren. Zum Kauzenkrug gab's sehr bald das Käuzle. Damit war der entsprechende Slogan schon vorprogrammiert: »Ein Käuzle unters Schnäuzle« ist ein Wahl- und Trinkspruch, der den Kern der Sache auf den Punkt genau trifft! Hergestellt werden die kleinen Käuzle, so werden die originellen Schnaps-Stamperl genannt, aus dem gleichen Material wie der große »Stammvater«. Der mit viel Handarbeit verbundene Produktionsweg beginnt mit der Mischung der Rohstoffe – Fett- und Magerton – und entspricht bis hin zur blau-grauen Farbgebung dem großen Vorbild.
Mit dem lustigen Käuzle erfuhren die Idee und die Tradition des Kauzenkruges und des Kauzen-Trunkes eine liebenswürdige und liebenswerte Bereicherung.
Vieles ist geschehen, wenn wir uns anschikken, den geschichtlichen Bogen aus der Zeit des Original-Kauzenkruges und sein nie aufgeklärtes Schicksal in den Jahren nach 1802 bis in unsere Tage zu schlagen. Wenn wir in die Zukunft des nächsten Jahrhunderts zu schauen versuchen, das sich längst am Horizont unserer Pläne, Hoffnungen und Überlegungen abzeichnet, dann sollten wir einen Herzschlag lang innehalten – und bedenken: Gleichgültig, was war, was ist und was sein wird, drei Dinge haben immer ihren Wert und ihren Bestandteil am Leben der Menschen: Die Geborgenheit in einer Runde vergnügter Menschen, die Lebensfreude, die daraus erwächst und der ungetrübte Genuß eines gut eingeschenkten Bieres. Wir haben ihm wahrhaftig viel zu verdanken.
Pflegen wir den Zuspruch in Beständigkeit, lassen wir uns Zeit dazu.

Poetische Beschreibung des Bieres

Durch Zechkunst sorgenlos zu sein,
geziemt dem echten Weisen,
Drum soll man jeden guten Trunk als
Göttergabe preisen.
Omar Chisan, der persische
Philosoph aus Nischapur

Unsere Väter kannten nur Bier, und das ist das Getränk, das für unser Klima paßt.
Friedrich II.

Ein wohlgepflegtes Bier zur rechten Zeit,
am rechten Ort, ist ein Hochgenuß
sondergleichen
und durch kein anderes Getränk zu ersetzen.
Karl-Georg von Maassen

Daß Bier ist ein Stoff, der den Menschen zum Menschen gesellt. Bier macht für Witz empfänglich, und wer Spaß versteht, mit dem ist gut auskommen.
Habs-Rosner, Wien

Gerstensaft verscheucht die Grillen,
wenn er in vollem Glase schäumt,
Ein Mädchen muß die Gläser füllen,
das sich zu unseren Sitten reimt.
Wilhelm Kindleben

Sollten deine Erben lachen,
Mußt du neben Siebensachen
Ihnen ein Faß Bier vermachen.
Volksmund

An einem guten Biere ist mehr gelegen als an
medizinischen Goldessenzen, Herzpulvern
und derlei sieben Sachen.
Brauhäuser und Bierkeller sind die
vornehmsten Apotheken.
Dr. J. F. Henckel, Land-, Berg- und Stadtphysikus zu Leipzig 1725

Die beste Medizin ist Bier
Jean Paul und Scheffel
voll Humor
verstärkten stracks den Zecherchor
Denn Bier
ist was Verführerisches:
Drum, wackerer Zapfer,
rasch ein frisches!
Studentenlied

Gutes Bier weiß ein jeder zu schätzen.
von Bülow

Hast du würzig Bier im Magen
Dann darfst du Heldenstücklein wagen.
Doch wärst du selbst ein Herkules
An roher Kraft, so, Freundchen, merke:
Hauptsache ist Charakterstärke.
Roland zu Halberstadt

Bier ist unter den künstlich bereiteten Getränken das gesündeste! Es hält die rechte Mitte zwischen der zwar nahrhaften, aber zu wenig reizenden Milch und dem wenig nährenden, aber stark erregenden Wein.
Friedrich Christian Eugen Freiherr v. Vaerst
Kapitän in der Preußischen Garde
Lehre von den Freuden der Tafel 1851

Glückt's die Zeit gut einzuteilen,
Dann wird Arbeit nie zur Last,
Brauer halten drum zuweilen
Im »Schallander«* gerne Rast.
(Schallander – Aufenthaltsraum*
für Bierbrauer)

Euch ist bekannt, was wir bedürfen:
Wir wollen stark Getränke schlürfen;
Nun braut mir unverzüglich dran!
Johann Wolfgang von Goethe

Ich trinke Bier, wo immer
ich seiner habhaft werden kann.
Ich liebe Bier, und allein schon
deshalb: die Welt.
Thomas Morton

Auf ihr Brüder, seid vergnügt!
Laßt den Himmel walten
Trinkt bis euch das Bier besiegt,
nach Manier der Alten.
Ei, mir wässert schon das Maul,
und ihr andern seid nicht faul
Die Mode zu erhalten.
Johann Christian Günther aus Strigau

Der Gerstensaft, ihr lieben Brüder,
Ist schon ein alter Trank.
Drum füllt die Stiefelgläser wieder,
Zollt dem Erfinder Dank.
Kommerslied

Wir in Bayern
Ein Bier wie Bayern
Wir ein Bier
Ein Bier wie wir
Wir wie Bier
Bayern wie wir
Bayern wie Bier
Hardy Scharf

Des Morgens ist ein Bier so gut
desgleichen am Mittage,
des Nachmittags nicht Schaden tut,
macht abends keine Plage.
Derentwegen soll ein Branntwein
um Mitternacht nicht schädlich sein.
Wirtshausspruch zu Bruneck

Erhöhter Bierpreis hat's vermocht,
Daß des Volkes Seele kocht.
Volksmund

Rund ist die Sonne, rund ist das Geld
Rund sind die Fässer, und rund ist die Welt.
Heinrich Seidel

Gewiß, dort findet ihr
die schönsten Mädchen und das beste Bier.
Johann Wolfgang von Goethe

Laßt Bier aus schönen Krügen blinken,
Denn auch das Auge will mit trinken.
Unbekannt

So Wein als Bier sind gut,
wenn man sie braucht in Schranken
und dazu nicht vergißt
dem lieben Gott zu danken.
CH. Fürchtegott Geller

»*Die* Maß: so heißt der Krug
Das Maß: Nun ist's genug.
Es sollen die Jungen wie Alten
mit Maß die Maße halten!
Unbekannt

Bier als flüssiges Brot war in Bayern –
also auch für mich – schon immer
Grundnahrungsmittel. Maßvoll genossen,
bringt es ein Stück Lebenskraft.
Franz Josef Strauß

»Bist du trunken, dann schimpfe
auf dich selber,
aber niemals aufs gute Bier!«
Borries v. Münchhausen

O trinke nie, um etwas zu vergessen,
es sinkt nur um so schwerer in dich ein.
Und trinke lieber bei und nach dem Essen.
Zuerst ein klarer Schnaps.
Dann Bier, dann Wein.
Carl Zuckmayer

Ein Fremder sitzt auf einem Faß
im Münchener Hofbräuhaus
und bricht, entzückt von solchem Naß,
in hellen Jubel aus.
»Warum besingst Du nur den Wein,
warum nicht auch das Bier«,
so fragt er, »kann's denn möglich sein,
gibt's keine Dichter hier?«
»Gnua«, sagt der Stammgast, »es fehlt
uns net an Dichtern und Gesang.
Wer aber was von Bier versteht,
der trinkt's und singt net lang!«
Unbekannt

Ich bin ein lustiger *Student*,
Potz Himmel tausend Sapperment,
Was kümmern mich die Reben?
Ich lobe mir den Gerstensaft,
Er gibt den Lenden Mut und Kraft,
Das Bier, das Bier soll leben!
Aus einem Studentenlied

Gott fürchten macht selig,
Biertrinken macht fröhlich.
Drum fürchte Gott und trinke Bier,
so bleibst Du fröhlich und selig allhier.
Unbekannt

Wo man Bier trinkt, kann man ruhig lachen.
Böse Menschen trinken schärfere Sachen.
Breun

Bete und arbeite – sei nicht faul
Trinke Kauzenbock – und halt's Maul.
Walter Paul

Willst vom Bier du haben Spaß,
Trink fürsichtig Maß für Maß.
Aus dem alten Berliner Ratskeller

In vino veritas,
im Bier ist auch etwas.
Otto Meyer

Wer Land kauft, kauft viele Steine,
Wer Fleisch kauft, kauft viele Knochen,
Wer Eier kauft, kauft viele Schalen,
Wer aber gutes Bier kauft,
kauft nichts anderes.
Aus England

Man könnte froh sein, wenn die Luft so
rein wäre wie das Bier.
Richard von Weizsäcker

Iß Brot, das gehört zum Leben,
trink Bier,
wie's Brauch ist im Lande.
Gilgamesch Epos

Ich trinke gerne,
wo man mir mit Maße schenket,
Und des Übermaßes nimmermehr gedenket.
Walther von der Vogelweide

Bier ist unter den Getränken das nützlichste,
unter den Arzneien die schmackhafteste,
unter den Nahrungsmitteln das angenehmste.
Plutarch

Die Kunst des Trinkens

Solange es uns Menschen gibt,
sind auch Getränke sehr beliebt –
ich meine hier natürlich nur
die, alkoholischer Natur!

Den Wein, den hab ich übersprungen,
der wurde schon zu oft besungen –
und auch der Sekt! (Man reicht ihn Gästen
zum An- und Aufstoßen bei Festen).

Wie selten aber steht vom Bier
etwas geschrieben, außer hier:
»Es schäumt das Glas mit edler Gerste,
und stets bekömmlich ist das erste!«
Heinz Erhardt

Wo man Bier trinkt und ein Lied singt,
ist es herrlich auf der Welt!
Trinkspruch der Chorsänger

Gutes Bier macht gutes Blut;
Gutes Blut macht gute Laune;
Gute Laune macht gute Werke;
Gute Werke führen also zum Himmel;
Quod erat demonstrandum!
Studentenausspruch

Optime provisae benedictio sit cerevisae
Non bene provisae confusio sit cerevisae
(Bestens gebrautes Bier sei gesegnet
Schlecht gebrautes vergehe vor Scham).
Ekkehard IV. von St. Gallen 11. Jhdt.

Als Moses auf den Stein einst klopfte
geschah's, daß Wasser ihm enttropfte.
Viel größer ist das Wunder hier,
man klopft aufs Faß und es fließt Bier.
Friedrich von Bodenstedt

In Deutschland ist es die wichtigste Aufgabe der Politik, daß sie die Menschen dazu bringt, Bier miteinander zu trinken.
Heinz Riesenhuber

Schon wegen des hohen Reinheitswertes des deutschen Bieres würde ich nie auswandern.
Friedrich Karl Flick
nach dem Verkauf
seines Industrie-Imperiums

Der Bock ist wohlgeraten und gereift, hat eine blanke Farbe und ist wohlbekömmlich, beschädigt nicht den Magen, wird wohl verdaut, schafft leichten Atem und macht keinen Wind, er hat gut Substanz und gibt Kraft.
Unbekannt

»Das Bier ist gelungen,
das Zelt ist gestellt.
Gelacht und gesungen,
wie schön ist die Welt!

Es duftet so köstlich,
die Bratwurst vom Rost.
Die Musik klingt festlich
und alles ruft »Prost«.

So mög's immer bleiben,
so sollt's immer sein.
Es lebe der Brauer,
hoch Trachtenverein!«
Hans Hohe

Jeder Stand hat wackre Zecher! Ratsherr oder Ferkelstecher, Zähne- oder Steinebrecher, Flaschenspüler, Meister, Schüler, Amtmann oder Rent-Empfänger, Schallsackpfeifer oder Sänger, Pferde- und Geflügelzüchter, Lampenputzer, Maler, Dichter und dergleichen Kunstgelichter, finstre Paragraphen-Richter, Reichsverweser, Posthornbläser, Schnitzer, Tischler, Hobler, Fräser, Rettich- und Radieschenpflanzer, Krieger mit und ohne Panzer, Senf- und Mostrich-Laboranten, Gaukler, Wandermusikanten, Sattler nebst Berufsverwandten, alle sind sie einverstanden, Daß des Bieres Zauberkraft allerbeste Stimmung schafft!
Scherenschleifer, Körbeflechter, Schweineschlächter, Pächter, Wächter, Trödler, Trommler, Fahnenträger, Mädchen- oder Bärenjäger, Schornsteinfeger, Münzenpräger, Armenpfleger, Scheitesäger, Kupferschmiede, Rosselenker, Kasserolleschwenker, Löffelstanzer, Bratenwender und noch andre Sakramenter, Studiosen, einerlei, wer und was ein jeder sei, Advokaten und Prälaten, Bürstenbinder auch nicht minder, Karpfenfischer, Kesselflicker, Westen- und Krawattensticker. Ärzte, Elixier-Anpreiser, Franziskaner und Karthäuser, Handwerksvolk im Lendenschurz, Seifensieder, Schuster, kurz: Bettelvögte oder Kaiser – wer da Bier trinkt ist ein Weiser!
Prosit, kling klang Gloria! Vivat Cerevisia!

Aus dem Zwölfbruderbuche zu Nürnberg

Bierlieder

Kauzen-Bock-Lied
Nach der Melodie: »Wohlauf, die Luft geht frisch und rein ...«

1. Wenn über unser Frankenland
leuchtet des Herbstes Sonne,
erlebst in Ochsenfurt am Main
du eine große Wonne.
Es ist die allerschönste Zeit
des Jahres angebrochen!
Es wird der gute Kauzenbock
jetzt wieder angestochen.
Vallerie-vallera, vallerie-vallera,
jetzt wieder angestochen!

2. Der Bürgermeister schlägt mit Kraft
den Zapfen in den Spunde.
Dann fließt der edle Gerstensaft
in froher Zecherrunde.
Hei, wie er durch die Kehle rinnt,
wie köstlich er uns schmecket,
als habe man in Ochsenfurt
Schlaraffenland entdecket!

3. Ein Münchner trank den Kauzenbock
auf einer Frankenreise.
Er blieb bis früh um fünf Uhr hock
und sang im Traum noch leise:
In München steht ein Hofbräuhaus,
dort gibt es auch viel Bier,
doch seit ich kenn' den Kauzenbock,
da bleib ich lieber hier!

4. Ein Kauzenbock genügt mir nicht,
   gleich muß der zweite her.
   Der dritte folgt, der vierte schmeckt
   mir dann gleich noch viel mehr.
   Der fünfte Bock wird angebracht,
   den sechsten man mir reich'!
   Nach dem 7., 8., 9. Kauzenbock
   fühl' ich mich dem König gleich!

5. O Kauzenbock, du bist mei' Freud
   bis in die Maienzeit!
   Du stärkst die müden Glieder mir
   und schenkst mir Trost im Leid.
   Ich trinke meinen Kauzenbock
   seit vielen, vielen Jahren.
   Kennst du ihn nicht,
   dann mußt du nur,
   ins Land der Franken fahren!

Hans Hohe

Trinklied

1. Brüder, hier steht Bier statt Wein;
   traute Brüder, schenket ein!
   Hoch leb jeder brave Mann,
   der für Freiheit fechten kann!

2. Freiheit ist ein edles Gut,
   gibt dem Burschen Kraft und Mut;
   hoch leb jeder freie Mann,
   der den Schläger schwingen kann!

3. Glücklich, wer auf seinem Pfad
   einen Freund gefunden hat;
   und nicht minder glücklich ist,
   wen sein holdes Liebchen küßt.

4. Kommst du meiner Asche nah,
   Bruder, so verweile da;

schreib an meines Grabes Rand:
Diesen hab' ich Freund genannt.

5. Auf, ihr Brüder, auf und trinkt,
stoßt die Gläser an und singt:
Hoch leb jeder deutsche Mann,
der sein Gläschen leeren kann!

Kauzen-Lied

Nach der Melodie: »So lang der alte Peter ...«

1. So lang der liebe Mainstrom
vorbeifließt an der Stadt,
in der es lust'ge Burschen,
viel saub're Mädchen hat,
Die mit den blanken Augen,
schauen zum Fenster 'raus,
So lang stirbt die Gemütlichkeit
in Ochsenfurt nicht aus.

2. So lang noch durch die Gassen,
zieht der Bratwurstduft,
Und von den Zuckerrüben,
im Herbst gewürzt die Luft.
Es trinken frohe Zecher
die Kauzenkrüge aus,
So lang stirbt die Gemütlichkeit
in Ochsenfurt nicht aus.

3. So lange weise Räte, regieren uns're Stadt,
So lang das Wolfgangsbrünnlein,
glasklares Wasser hat,
So lang sich Ochsen stoßen,
am Türmchen vorm Rathaus,
So lang stirbt die Gemütlichkeit
in Ochsenfurt nicht aus.

4. So lang der Kauzenbrauer
noch braut sein köstlich' Bier,
Um Durstige zu laben,
zur Freude dir und mir,
So lange hochgepriesen,
sein immer gastlich' Haus,
So lang stirbt die Gemütlichkeit
in Ochsenfurt nicht aus.

Hans Hohe

Gerstensaft

1. Der Gerstensaft, ihr meine lieben Brüder,
ist schon ein alter Trank!
Drum füllt die größten Stiefelgläser wieder,
habt dem Erfinder Dank!

2. Thuiskons Söhne schon, ihr Brüder,
tranken euch dieses Säftlein fein,
durch deren Schwert die
stolzen Römer sanken und denkt, –
die tranken Wein.

3. Aus diesem nun könnt ihr ganz richtig
schließen, es sei ein edler Saft,
wenn auch sogar Erobrer
fallen müssen durch seiner Trinker Kraft.

4. Gesteht's nur selbst, in Bayern
und in Franken
gibt's Männer voller Kraft,
was mag die Ursach anders sein?
Sie tranken den edlen Gerstensaft!

5. Und als die Enkel Hermanns Bier
noch tranken,
da sah'n sie stolz herab;
als sie es aber eitel schmähten,
sanken sie ruhmlos in ihr Grab.

6. Der Wein, der Punsch gewähren nichts
als Pochen und ein rote Nas;
drum, wünscht ihr frische Farb
und starke Knochen,
so bleibt beim Gerstensaft!

7. Drum schämt euch nicht der Väter,
meine Brüder,
mit Freuden sehn sie das;
sie singen in Walhalla
Bardenlieder und greifen nach dem Glas.

Aus dem Tagebuch eines Bierbrauers

16. Januar

»Lastenausgleich«

Unweit von Ochsenfurt, eine gute Stunde zu Fuß, liegt an der Bundesstraße 13 das liebliche Dorf G. Hier präsentiert sich ein »Gasthof zur Krone«. Dessen Wirt, ehemals Knecht und Freund eines guten Tropfens und einer ebenso guten Maß Bier (die er mehrmals am Tag prüfen und genießen muß), gilt im ganzen Dorf und in der Umgebung als gutmütig, aber ein wenig hintergründig. Immer zum Spaßen aufgelegt, »schreibt er« die Arbeit groß, das Trinken aber im wahrsten Sinne des Wortes noch größer.

Weil er stets in angeheiterter Stimmung ist (und manchmal auch nicht mehr so genau feststellen kann, wieviele Bier oder Zigaretten der eine oder andere Gast hat), stellen sich viele Besucher ein, um »beim Schorsch« zu zechen.

Auch der Herr Pfarrer kommt eines Tages in das Wirtshaus. Beim Gespräch spielt der Geistliche auf den sehr mangelhaften Kirchenbesuch des Schorsch an: »Ganze zweimal waren Sie im vergangenen Jahr in der Kirche, mein Lieber; das ist nicht allzuviel!«

Schorsch erwiderte trocken und unmißverständlich: »Ja, Herr Hochwürden, wie oft waren Sie, wenn ich fragen darf, bei mir im Wirtshaus!«

»Einmal«, entgegnet der hochwürdige Herr Pfarrer.

DER Kauzen-Bock
ist da
VON DER KLOSTERBRAUEREI OCHSENFURT

»Sehen Sie«, meinte Schorsch, und guckte dabei verschmitzt dem Pfarrer ins Gesicht, »das ist der Lastenausgleich!«
Freunde, so denke ich, sind die beiden wohl nicht gerade geworden!

9. Februar

»Argument«
Heute Kühlraumausfall im Gasthof B. Ziemlich auf den Tag genau vor drei Jahrzehnten gab es so große Einzelanlagen noch nicht. Wollte man da als fortschrittlich gelten, so mußte in jedem Ort im mittelfränkischen und im Ochsenfurter Gau eine Gemeinschaftskühlanlage gebaut werden. Man muß ja, so hieß es, mit der Zeit gehen. Die Vertreter schärften ihre Zungen und machten gute Geschäfte.
Allenthalben wurde von den Vorteilen gesprochen. Vor allem von den Erleichterungen, die eine solche Anlage für die Gemeinschaft und für den einzelnen bringen würde.
Ein Bauer, der all den Vorzügen wohl aufgeschlossen gegenüberstand, sich aber dann doch nicht entschloß, einen Beitrag zu entrichten und ein Kühlfach zu mieten, fand das Haar in der Suppe, das ihn mitzumachen hinderte.
»Wissen Sie«, meinte er auf alle Argumente, »wenn man Fleisch, das ein wenig stinkt, hineintut, dann riecht es ja immer noch, wenn man's nach einiger Zeit herausholt!«

21. März

»Glockeneinweihung«
Am Rande des Ochsenfurter Gaues, wo reiche Wälder gemeinsam mit fruchtbaren Feldern die Auen ausfüllen, findet man das verträumte, aber schmucke kleine Dorf St.
In die ländliche Stille kommt jetzt Leben. Die Kirche erhält neue Glocken!
Folglich erzählt der Lehrer in der Schule vom Gießen und von der Herstellung einer Glocke. Auch der große Dichter Schiller wird zitiert: »Von der Stirne heiß, rinnen muß der Schweiß ...«
Seit 14 Tagen rüsten schon alle Einwohner auf das große Fest der Einweihung.

28. März

Der Landrat, der Bürgermeister, einige Kreisräte, Gemeinderäte, Freunde und Bekannte aus der näheren und weiteren Umgebung waren gestern zum großen, festlichen Ereignis erschienen. Große Ereignisse werfen bekanntlich nicht nur ihre Schatten voraus, sondern auch hinterher. Der Lehrer hat einen Aufsatz über diesen bedeutenden Tag der Gemeinde schreiben lassen.
Ein Schüler hat geschrieben: »Wir haben eine neue Glocke erhalten. Der Bürgermeister, und die Gemeinderäte waren da. Wenn sie erst alle aufgehängt sind, dann wird es in unserem Dorf schöner und glücklicher werden!«

12. April

»Aktienkauf«
Ein nicht »unbetuchter« Gastwirt will groß ins Aktiengeschäft einsteigen. Da Erfahrungen nicht vorliegen, war er bei der Bank und hat sich dort beraten lassen.
Der Mann bei der Bank hat ihm Rheinstahl-Aktien zum Kurs von 118 empfohlen. Warum gerade Rheinstahl? Hatte der Bankmensch etwa Order, gerade diese Aktien forciert zu verkaufen?

13. April

Der frischgebackene Aktienbesitzer ist in sein Wirtshaus zurückgekommen und hat den Stammgästen stolz von seiner großen Transaktion berichtet.

25. April

Jeden Tag, wenn die Zeitung kommt, ist des Gastwirts erster Blick in den Börsenteil. Alles andere ist ihm plötzlich uninteressant geworden. Der Stammtisch verfolgt ebenfalls mit Aufmerksamkeit die Kurse.

28. Mai

Der Einstandspreis ist unterschritten. Seit Tagen bröckeln die Kurse ab. Nach 116, 110, zwei Wochen später gar auf 90 und heute ein Rutsch auf 78. Schadenfreude ist bekanntlich die größte Freude. Am Stammtisch hat sich der Gastwirt und Aktionär von seinen feixenden Gästen einiges erzählen lassen müssen. Jetzt sitzt er recht kleinlaut in seiner Wirtschaft. Unter den Gästen aber kursiert, von Mund zu Mund immer breiter und detaillierter ausgeschmückt, die Geschichte von einem frustrierten Gastwirt, dessen Zorn sich gewitterartig auf den Bankangestellten entlud: Der Mann am Bankschalter mußte sich wohl allerhand anhören!
Den alten Spruch der »Börsianer« kannte der Gastwirt nicht: »Es wird nicht geklingelt an der Börse, wenn man ein- oder aussteigen soll ...«

5. Juni

Die Kurse haben wieder angezogen. Seit heute ist der Einstandspreis von 118 überschritten. Der Gastwirt hat sich darum entschlossen, seinen Aktienbesitz sehr schnell zu verkaufen.
Ob er es erneut versucht – wer weiß?

2. Juli

»Serviertochter«
In einem fränkischen Dorf am Fuße des Steigerwaldes kamen wir am Stammtisch des Dorfgasthauses ins Gespräch: Ein alter Mann, etwa 80 Jahre alt, davon 60 Jahre verheiratet,

verlor vor wenigen Tagen seine Frau. Öfters als üblich kehrte er darum in dem gemütlichen Gasthaus zur Post ein. Anschaulich weiß er in fränkischer Mundart zu erzählen, und gerne erinnert er sich an den Tag, an dem sich Hanne, die Bedienung, vor Jahren dort vorstellte.

Das Einstellungsgespräch würzte er mit der Bemerkung, obschon ungefragt:

»Wenn du schaffst, kannst' dableiben«.

Hanne wurde eingestellt und ist seit acht Jahren aus diesem Haus nicht mehr wegzudenken. Sie versteht Spaß, hört nicht auf die »schmutzigen Redensarten« der Stammgäste, weiß aber, herauszugeben, läßt sich nichts gefallen und tut mit einem Lächeln selbst die frechsten Bemerkungen ab, kontert Witze, indem sie selber einen »Saftigen« erzählt. Sie ist flink, besitzt Übersicht und beherrscht ihr Revier. Sie kennt die Wünsche ihrer Stammgäste und weiß Empfehlungen im richtigen Moment anzubringen. Man spürt förmlich, wie ihr die Arbeit Spaß macht ...

Die Geselligkeit, den Umgang mit Menschen – das braucht sie, wie das tägliche Brot. Kein Wunder, daß bei diesem Verhalten die Gäste immer wieder kommen und die Trinkgelder größer ausfallen als gewöhnlich!

Es ist eigentlich merkwürdig, daß es Bedienungen solchen Schlags so selten gibt. Dabei sind die Spielregeln eigentlich ganz einfach. Vielleicht ist doch das Einfachste das Schwierigste ...

19. August

»Suche«

In einem Weindorf, knapp eine halbe Wegstunde von Ochsenfurt, steht, genau in der Dorfmitte gegenüber dem historischen Rathaus, ein bekanntes Wirtshaus, genannt »Zur Krone«. Der Wirt, vor sechs Jahrzehnten aus dem Badischen eingewandert, hegt und pflegt seine Weinberge, die weithin bekannte Namen, wie »Kapellenberg« und »Fischer«, tragen. Er ist landauf und landab wegen seines naturreinen, guten Schoppens und nicht zuletzt wegen seiner offenen, geraden und aufrechten Gesinnung bekannt.

In dieser Wirtschaft war es, daß das Erzählen in gemütlicher Stammtischrunde kein Ende nehmen wollte, weil die Männer, die hier saßen, alle in der Welt herumgekommen sind und viel erlebt haben. Wenn dann das Bier und der Wein die Zungen lösten, dann war eben nicht so schnell Einhalt zu gebieten.

»Einmal«, so setzte ein Steinmetz und Pflasterer, die in diesem Ort nicht selten anzutreffen sind, das Gespräch fort, »kam ich nach vier Wochen vom Autobahnbau bei Nürnberg wieder nach Hause.« Und er berichtete weiter, daß das Wiedersehen mit seinen Freunden nach so langer Abwesenheit und Entbehrung seiner gewohnten Wirtschaft, samt des Haustrunkes, selbstverständlich gefeiert werden mußte. So war es gegen 2.00 Uhr nachts, als er selig nach Hause ging – so weiter in seinem

Bericht – und geradewegs ins Schlafzimmer »einlief«.
Als er im Schlafzimmer das Licht andrehte, wälzte sich seine Frau im Bett umher, zog die Bettdecke fest an sich und legte sich, »eingeschnappt«, wort- und grußlos, auf die andere Seite. Dieser Vorgang wiederholte sich im Laufe der folgenden sechs Monate mehrmals.
»Nachdem meine Frau für meine Angewohnheit kein Verständnis hatte, überlegte ich mir, was da zu machen sei«, berichtete der Steinmetz weiter. »Als ich nun wieder einmal zu mitternächtlicher Stunde leicht ›fröhlich‹, doch sehr freudig und heiter zu Hause ankam (und meine Frau die Bettdecke noch schärfer zuzog), ging ich an die Kommode, an den Nachttisch und anschließend an den Schrank – und leerte alles, aber auch alles, aus. Die Anzüge, die Unterwäsche, die Taschentücher – alles flog nur so auf den Boden, der Hut und die Socken hinterher. Bis auf einmal meine Frau einen Satz aus dem Bett machte und schrie: ›Was suchst?‹ Und darauf antwortete ich: Dei Maul! Seitdem war das Eis gebrochen. Die stumme, ›herumgewälzte Begrüßung‹ wiederholte sich nie mehr!«

24. September

»Beim Kauzen-Bock bleibt jeder hock«
Zum ersten *Kauzen-Bock*-Anstich schuf der bekannte fränkische Holzschnitzer Richard Rother einen recht originellen Holzschnitt, von dem im Ochsenfurter Gau folgende Geschichte erzählt wird: Die drei, die da so gemütlich beisammen hocken, sind ein Sechzigjähriger, ein Siebzigjähriger und ein Achtzigjähriger.
Der Sechzigjährige meint: »Ich seh' nicht mehr richtig, ich brauch' schon bald eine Brille!«
»Was, du siehst nicht mehr richtig«, entgegnete der Siebzigjährige, »mit dem Sehen kann ich nicht klagen, ich hör' nur schlecht. Keinen Vogel kann ich mehr singen hören, kein Radio, keinen Ton, nichts mehr. Ich muß mir halt doch demnächst einen Hörapparat von der Firma Siemens kaufen!«
»Ich versteh' euch nicht, was ihr bloß alle habt«, sagt darauf der Achtzigjährige. »Ich sehe noch gut, und ich höre noch besser, nur kann ich mir nichts mehr merken! Sagt doch meine Frau gestern zu mir, als ich zu ihr ins Bett schlüpfen wollte: ›Alter, vor einer Stund' warst du doch erst bei mir ...‹«

8. Oktober

»Einkauf«
Im Herbst, zur Kirchweihzeit, wenn die Straßen durch die Zuckerrüben verschmiert sind, der Herbststurm die letzten Blätter von den Zweigen fegt, die Tage kürzer und die Nächte länger werden, dann ist auch Zeit für einen Hock', Zeit fürs Erzählen.
Ein Wirt, der nicht aufs Maul gefallen ist und

der »sich zu helfen weiß«, spielte an einem großen, runden Stammtisch mit seinen Freunden Schafkopf. Wie so üblich, wird nach dem Kartl'n noch einmal »nachtarockt«. Es werden Erlebnisse erzählt, Sorgen mitgeteilt und Probleme erörtert. Auch die hohe Politik, die Ereignisse im Dorf und in der nahegelegenen Kleinstadt kommen dabei nicht zu kurz. Man kennt sich. Man weiß, was man voneinander zu halten hat. Man spricht offen zu- und miteinander ...
Auf einmal sagt der Wirt: »Ich habe so Ärger mit der ›Quelle‹. In Würzburg hab' ich eine Gefriertruhe bestellt und es wurde mir zugesagt, innerhalb von 14 Tagen wird sie geliefert. Jetzt sind schon vier Monate vergangen und ich habe die Truhe, die ich so dringend brauche, immer noch nicht!«

Da fällt ihm ein ganz Gescheiter in's Wort und sagt: »Ruf doch mal den Schickedanz an! Gell, du traust dich net – ich wett' ein Faß Bier!«
Nach kurzem Hin und Her wählt der Wirt die Nummer des Versandhauses. »Ich möchte Ihren Chef sprechen«, tönt er ins Telefon, als sich eine Stimme meldet. Es war der Nachtportier, weil es ja schon spät am Abend war.

»Welchen Chef? Wir haben so viele«, sagt der Nachtportier.
»Herrn Schickedanz, Konsul Schickedanz!«
»In welcher Angelegenheit?«
»Das geht Sie nichts an, stellen Sie sich nicht so an! Ich möchte Herrn Schickedanz sprechen, also stellen Sie durch!«
Es macht klack. Dann ertönt eine Stimme: »Schickedanz!«
»Entschuldigen Sie, Herr Konsul Schickedanz, ich möchte Ihnen sagen, daß ich mit der ›Quelle‹ überhaupt nicht zufrieden bin. Ich habe vor vier Monaten eine Kühltruhe bestellt und bis zum heutigen Tage nichts erhalten. In 14 Tagen spätestens sollte sie ausgeliefert sein – das ist eine Sauerei!«
Herr Schickedanz erwiderte: »Sie müssen mir schon sagen, wer Sie sind und wo Sie die Truhe bestellt haben ...« Als dies der nun etwas ruhiger gewordene Wirt mitteilt, sagt Herr Schickedanz, er werde in spätestens eineinhalb Stunden zurückrufen.
Nun war das Gelächter in der Kartenrunde groß. Innerhalb der Stammtischrunde ging es lebhaft zu. Der eine meinte: »Der denkt ja gar nicht daran, Dich wieder anzurufen. Der hat doch 'was anderes zu tun, als sich um so eine Lappalie zu kümmern!« Der andere platzte heraus: »Dem hast Du es aber mal gescheit gesagt!« Immer mehr redeten sie sich in Rage, bis nach ungefähr einer Stunde die Tür aufging und sich ein fremder Mann nach dem Wirt erkundigte. Er eröffnete das Gespräch mit den Worten: »Sie haben mir etwas Schönes eingebrockt!« Und als der Wirt aufstand und auf ihn zuging, fuhr er fort: »Ich komme von der Firma ›Quelle‹. Herr Konsul Schickedanz hat mich angerufen und mir die Hölle

heiß gemacht! Ich habe die Kühltruhe dabei – wo darf ich sie hinstellen, und wo soll sie angeschlossen werden?«
Mittlerweile war es schon nach 21 Uhr. Zu viert haben sie dann die Kühltruhe vom Auto abgeladen, durch das Fenster gehievt, am vorgesehenen Platz abgestellt und am Netz angeschlossen...
Noch heute, wenn der Wirt in die Filiale in der nahen Großstadt kommt, begegnet man ihm dort mit Vorsicht und ausgesprochener Höflichkeit – »es ist der Mann, der sich direkt an den Konsul Schickedanz gewandt hat«, flüstert sich das Personal gegenseitig zu.
Ich glaube, Herr Schickedanz war froh, einmal über einen derartigen Vorfall unterrichtet worden zu sein. In Großbetrieben gelangen solche Pannen gar nicht an das Ohr des Chefs – und der glaubt, alles sei in Ordnung. Und in Wirklichkeit?
Das Sprichwort bewahrheite sich wieder einmal: Man muß gleich zum Schmied gehen – und nicht zum Schmiedle.

17. November

»Jägerlatein«
Das Städtchen ist an der Romantischen Straße gelegen und grüßt jeden Fremden mit dem stolzen und klangvollen Namen »Europastadt«. In diesen Mauern, die viel von Vergangenem erzählen können, wohnte ein Mann namens St. Vor rund 50 Jahren war er dort, aus der Nähe Würzburgs kommend, zugewandert. Wegen seines vortrefflichen Witzes und seiner scharfen Beobachtungsgabe war er im Europastädtchen gerne gesehen und bei Stammtischrunden ein beliebter Gast.
Immer wußte er etwas zu erzählen vom Land und von den Leuten. Er hatte, im wahrsten Sinne, »dem Volk aufs Maul geschaut«. Möglicherweise lag dies auch daran, daß er als Steinbildhauer ein klares und geschultes Auge besaß. Wenn er in seiner trockenen Art »auspackte«, war des Lachens kein Ende.
So auch, als er kurzerhand am Stammtisch erklärte: »Ich schieße keine Wildsau, kein Reh und auch keinen Hirsch mehr! Mit was wollen denn die Bauern sonst ihre Bulldoge, Mähdrescher und Mistauflader käff', wenn sie keinen Wildschaden mehr anmelden können!«

WER'S ALTE JAHR
MIT EINEM FLÄSCHLE BIER BESCHLIESST,
DAS NEUE ZUR BEGRÜSSUNG
EBENSO BEGIESST,
UND TAG FÜR TAG
DAS GANZE JAHR DURCH ES SO HÄLT,
DASS DEM DAS NEUE JAHR
BEHAGT UND GUT GEFÄLLT,
DAS IST DOCH KLAR!
BESONDERS EIGNET SICH DAS BIER
DER **OCHSENFURTER**
KLOSTERBRAUEREI DAFÜR,
DIE SICH VON GANZEM HERZEN
EHRLICH FREUT,
WENN IHR IM NEUEN JAHR
RECHT GLÜCKLICH SEID!

Hopfen und Malz

Dieser Band enthält über 30 Holzschnitte des fränkischen Künstlers Richard Rother, die er in den Jahren 1954 bis 1970 schuf. In ihrer inhaltreichen Bezogenheit gelten sie als ein unverlierbarer und liebenswerter Bestandteil mainfränkischer Kulturgeschichte. Gleichzeitig gaben sie erste Impulse zur Aufnahme der Kauzentradition durch die Ochsenfurter Klosterbräu.
Der Herausgeber ehrt mit dieser Veröffentlichung der Motivserie »Ochsenfurter Klosterbräu«, die in der vorliegenden Buchform einmalig bleiben wird, das dankbare Andenken an einen Künstler, der dem Kauzen durch viele Jahre und bis zu seinem Tod ein treuer, freundschaftlich verbundener Weggefährte war...

Etwas Statistik zu guter Letzt

(soweit nichts anderes vermerkt, beziehen sich die Zahlen auf die Bundesrepublik Deutschland, Jahr 1988)

Bierausstoß	(in 1000 hl)	92643
Bierausstoß in Bayern	(in 1000 hl)	25266
Anzahl der Brauereien (1949/50)		2726
Anzahl der Brauereien		1168
Anzahl der Brauereien in Bayern (1952/53)		1962
Anzahl der Brauereien in Bayern		778
Anzahl der Brauereien in den EG-Ländern incl. BRD		1590
Anzahl der Brauereien nach Betriebsgrößen-Klassen	%-Anteil am Gesamtumsatz	
– 20000 hl	4,3%	772
20000 hl – 60000 hl	6,7%	177
60000 hl – 120000 hl	7,1%	78
120000 hl – 200000 hl	7,2%	44
200000 hl – 500000 hl	16,1%	49
500000 hl und mehr	58,6%	47
Durchschnittlicher Bierausstoß je Brauerei in hl		79300
Durchschnittlicher Bierausstoß je Brauerei in Bayern in hl		32291
Bierausfuhr	(in 1000 hl)	5658
Biereinfuhr	(in 1000 hl)	1280
Pro-Kopf-Verbrauch in Liter		144
Pro-Kopf-Verbrauch in Liter in Bayern		ca. 200
Beschäftigte (Monatsdurchschnitt)		53375
Biersteuereinnahmen	in Mrd/DM	1253

Quelle: Deutscher Brauerbund e.V., 5300 Bonn 2
Bayerischer Brauerbund e.V., 8000 München

Literaturhinweise

Bayerischer Brauerbund München:
Geschäftsberichte 1949–1987

Brauerei-Journal:
Organ des Bundesverbandes mittelständischer Privatbrauereien e.V. und seiner Landesverbände – Dreistern Verlag GmbH, München

Brauerei-Forum:
Fachzeitschrift für Brauereien und Mälzereien, Getränkeindustrie und deren Partner, Versuchs- und Lehranstalt für Brauerei in Berlin

Brauindustrie:
Verlag W. Sachon, 8948 Schloß Mindelburg

Brauwelt:
Wöchentliche Zeitschrift für das gesamte Brauwesen und die Getränkewirtschaft
122. – 129. Jahrgang, Verlag Hans Carl, Nürnberg

Daehne, Paul:
Lütschena im Wandel der Welt, ein Ehrenbuch der Brauerei Sternburg für Freunde des Bieres und fesselnder Begebenheiten. Privatdruck für Senator Oswald Winde, Leipzig 1940

Deutscher Brauerbund Bonn:
Geschäftsberichte 1949/50–1987

Deutscher Brauerbund Bonn:
Statistische Berichte 1961–1988

Gesellschaft für Öffentlichkeitsarbeit des Deutschen Brauerbundes e.V., Bonn:
Bierseminar, Bier-Aktuell

Faßbender, Franz:
Allgemeine Zeitschrift für Bierbrauerei und Malzfabrikanten, Wien 1877, V. Jahrgang

Freunde Mainfränkischer Kunst und Geschichte e.V. Würzburg (Hrsg.):
Das Ochsenfurter Kauzenbuch (1611–1802)
mit einem Vorwort von Max H. von Freeden, Würzburg 1967

Hannes K., Spanner:
Die Brauerei im Bild, Verlag Hans Carl, Nürnberg 1964, 5. Auflage

Kauzenpost:
Aktuelle Informationen aus der Kauzenbrauerei Ochsenfurt, Jahrgänge 1975–1985

Leyser, E.:
Der Deutsche Bierbrauer, Verlag Max Haag, Stuttgart 1887, II. Jahrgang

Lussert, Anneliese:
Tannagäß und Schpreißeli, Verlag Siegfried Greß, Marktbreit 1980

Mathäser, Willibald:
Flüssiges Brot, Süddeutscher Verlag, München 1974

Narziß, Ludwig:
Abriß der Bierbrauerei, Ferdinand Enke Verlag, Stuttgart 1986, 5. Auflage

Piendl, A.:
Bier und Gesundheit, Brauerei-Journal Dez. 1988

Silcher F., Erk F. (Hrsg.):
Allgemeines Deutsches Kommersbuch, Druck und Verlag von Moritz, Schaumburg Lahr,
96.–99. Auflage, o. J.

Tietz, B:
Markt und Marketing – Eine Analyse aus Anlaß des 125jährigen Jubiläums der Privatbrauerei Thier, Dortmund 1979

Uhlmann, Wolf-Jürgen (Hrsg.):
Bier und Gesundheit, Haug Verlag, Heidelberg 1970

Uhr, Dieter:
Alles über den Durst, Verlag Meininger, Neustadt an der Weinstraße 1979